꽃이
숨쉬는
책

6

신 화 훼

– 새롭게 등장한 꽃식물 –

New Ornamental Crops

부 민 문 화 사

www.bumin33.co.kr

차례

일러두기

1. 수록된 식물의 사진은 최근 아래와 같은 장소에서 촬영하였다.
    - 한국농수산식품유통공사 화훼공판장 내 분화판매장
    - 종자회사의 신품종전시회
    - 전국의 수목원이나 식물원
    - 외국의 화훼식물 전시장(도입될 것으로 예상되는 일부 식물 수록)
2. 수록된 식물의 순서는 일반명 가나다순에 따랐고, 유통명을 포함한 한글 및 학명 찾아보기는 맨 뒤에 수록하였다.
3. 기본적으로 학명과 과명은 미국 농무부(USDA)의 유전자원 정보 네트워크(GRIN, Online Database : http://www.ars-grin.gov/cgi-bin/npgs/html/taxgenform.pl?language=en)에 따랐지만, 수록되지 않은 경우에는 영국 왕립원예학회(RHS)의 RHS Plant Finder(http://apps.rhs.org.uk/rhsplantfinder/)나 원예 관련 웹사이트에 따랐다.
4. 번식은 대표적인 방법 순으로 나열하였다.
5. 기본적으로 내한성에 대한 자료는 미국 농무부에서 정한 내한성 지역구분에 따라 표시하였다. 하지만 이 자료는 그 식물의 겨울나기를 알려주는 절대적인 지표는 아니다. 식물의 겨울나기는 겨울철 최저온도 뿐만 아니라, 햇빛이나 습도, 토양과 같은 기르는 곳의 미기후, 식물체의 나이나 건강함 등도 관여한다. 가령, 겨울철 매우 건조하고 햇빛이 계속 내리쬐는 남향에 심은 식물은 내한성 지역구분보다 높은 최저온도의 지역에서도 얼어 죽는 경우를 흔히 볼 수 있다. 또한 겨울철 최저온도가 낮더라도 다음날 낮에 따뜻해지는 밤낮의 온도차가 심한 지역(진주, 순천 등)에서는 최저온도에 상관없이 겨울나기가 가능한 경우가 많다.

6a −20.6 ~ −23.3 ℃
6b −17.8 ~ −20.6 ℃
7a −15.0 ~ −17.8 ℃
7b −12.2 ~ −15.0 ℃
8a −9.4 ~ −12.2 ℃
8b −6.7 ~ −9.4 ℃
9a −3.9 ~ −6.7 ℃
9b −1.1 ~ −3.9 ℃

6지역	중부 내륙, 강원도 산악 지역	−23.3℃까지
7지역	중부 지방, 남부 내륙	−17.8℃까지
8지역	남부, 중부 해안	−12.2℃까지
9지역	남부 도서 지역, 제주도	−6.7℃까지

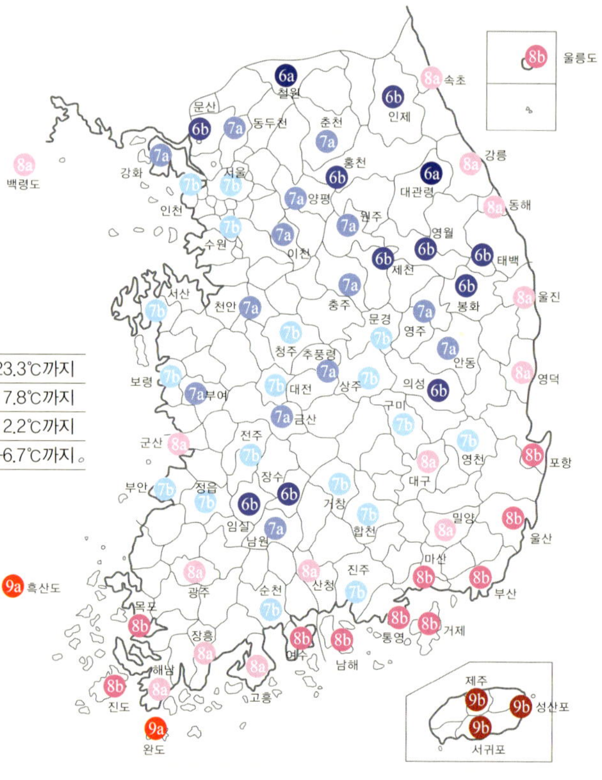

미국 농무부 내한성 지역 구분에 따른 우리나라 주요 지역의 구분
(지역별 연간 최저기온의 30년간 평균치)

가우라

학명: *Gaura lindheimeri*
영명: Whirling butterflies,
White gaura,
Butterfly gaura
과명: 바늘꽃과
(Onagraceae)
원산지: 북아메리카

여러해살이 풀꽃으로 잎은 피침형으로 길고 가장자리에 성긴 톱니가 있다. 5월부터 긴 꽃대가 나와 2~5㎝ 크기의 흰색 또는 옅은 분홍색 꽃이 초여름부터 가을까지 계속 핀다. 꽃이 피있을 때 식물체는 1m까시 사란다. 일본에서는 흰 꽃이 나비와 같다고 해서 백접초(白蝶草)라고 한다. 성질이 강건하여 관리하기 쉬우므로 화단이나 가로변에 심기에 알맞다. 더위와 건조, 추위에 강하여 겨울철 -30℃의 추위에서도 지상부는 말라죽지만 뿌리는 겨울나기가 가능하다.

✻ 기르기 포인트

햇빛이 좋은 곳이라면 토질은 특별히 가리지 않는다. 건조에는 강하지만 다습 조건은 싫어하므로 물빠짐이 좋은 토양을 좋아한다. 토양 표면이 마르면 물을 준다. 심을 때 밑거름을 주는 정도이고 이후에는 그다지 비료를 줄 필요가 없다. 3~4년에 한번 정도 포기를 나누어서 새로운 생장을 도와준다. 온도가 낮을 때 잎에 검은색 반점이 생기지만 생리적인 장해나 병충해의 문제는 아니다. 4월 포기를 나누거나 씨앗을 심어 번식한다.

갈락스 우르케올라타

학명: *Galax urceolata*
영명: Galax
과명: 돌매화나무과 (Diapensiaceae)
원산지: 북아메리카 동부
유통명: 갈락스

지하경으로 자라면서 많은 잎이 나는 늘푸른 여러해살이 풀꽃이다. 잎은 10㎝ 정도로 심장 모양이고 표면에는 광택이 있다. 자른잎(절엽, 切葉)으로 이용 시 좋은 소재로 추위를 받으면 붉은빛을 띠어 가을철 계절감을 주기에 좋다. 물올림이 좋고 수명이 오래가는 소재이다.

게움 코키네움

▲ 품종 ‘Cooky’

학명:	*Geum coccineum*
영명:	Scarlet avens
과명:	장미과 (Rosaceae)
원산지:	아시아 서부, 유럽 남부

늦봄에서 여름에 걸쳐 선명한 오렌지색의 꽃이 피는 여러해살이 풀꽃으로 최대 45~60㎝까지 자란다. 잎은 둥근 모양으로 짙은 녹색이고, 가장자리에 굵은 톱니가 있다. 노란색 꽃이 피는 우리나라 뱀무(*G. japonicum*)의 유사종이다.

✻ 기르기 포인트

햇빛을 좋아하는 편이지만 반그늘에서 선명한 오렌지색의 꽃이 핀다. 건조와 고온을 싫어한다. 추위에 매우 강하여 밖에서도 겨울나기가 가능하다. 포기나누기나 씨앗뿌리기로 번식한다.

그랍토페탈룸 벨룸

늘푸른 여러해살이 풀꽃이다. 두꺼운 다육성 잎이 25~50장 정도 겹쳐져 있다. 꽃은 진한 분홍색으로 별 모양이다. 꽃은 5~7월에 피어 1개월 정도 유지된다.

학명:	*Graptopetalum bellum* (= *Tacitus bellus*)
영명:	Chihuahua flower
과명:	돌나물과 (Crassulaceae)
원산지:	멕시코
유통명:	벨루스, 타키투스 벨루스

✻ 기르기 포인트

햇빛이 잘 들고 건조한 곳에서 기른다. 무더운 여름철에는 조금은 서늘한 반그늘에서 기르는 것이 좋다. 겨울철에는 3~5℃ 정도에서 겨울나기가 가능하다.

글레코마, 무늬긴병꽃풀

학명: *Glechoma hederacea* 'Variegata'
영명: Variegated ground ivy, Creeping charlie
과명: 꿀풀과 (Lamiaceae)
원산지: 남유럽
유통명: 네페타

덩굴성 여러해살이 풀꽃으로 우리나라에 자생하는 긴병꽃풀(*G. grandis*)과 근연종이다. 시중에서 네페타라고 불리기도 하는데 이것은 이전 속명인 *Nepeta*를 음역한 것이다. 둥근 잎은 마주나고 가장자리에 둥근 톱니가 있으며 불규칙하게 흰색 반점이 있다. 봄에서 초여름에 걸쳐 작은 자주색 꽃이 잎겨드랑이에서 핀다. 꿀풀과의 특징인 사각형 줄기가 땅을 기면서 자라므로 원예적으로는 공중걸이분에서 기르는 것이 좋다.

✻ 기르기 포인트

환경에 크게 좌우되지 않고 잘 자라서 기르기 편하다. 한여름에 줄기가 너무 많아지고 길어지면 얇은 잎의 가장자리가 마르면서 관상가치가 작아지는데, 이때 줄기 일부만을 남겨두고 바짝 잘라주면 새로운 줄기가 나오면서 쉽게 재생시킬 수 있다. 봄이나 가을철에 포기나누기 하거나 새로운 줄기나 뿌리가 쉽게 나오므로 줄기의 일부를 젖은 토양에 닿도록 휘묻이하거나 또는 꺾꽂이를 통해서도 번식할 수 있다.

금전수

학명: *Zamioculcas zamiifolia*
영명: Aroid palm,
Arum fern
과명: 천남성과
(Araceae)
원산지: 열대 동부 아프리카

늘푸른 여러해살이 식물로 실내에서 분으로 재배한다. 속명이나 종명은 소철과의 멕시코 소철(*Zamia*)과 유사한 습성이나 모양 때문에 붙여졌다. 비대한 지하경이 옆으로 자라면서 여기에서 6~8쌍의 작은 잎을 가진 40~60㎝ 길이의 깃꼴겹잎이 직립해서 나온다. 뿌리에서 나오는 잎은 다육질로서 소엽은 장타원형이고 혁질이며 두껍고 광택이 있다. 식물체 모든 부위에 독성이 있으므로 먹어서는 안 된다.

✻ 기르기 포인트

고온 다습하고 직사광선이 닿지 않는 밝은 곳을 좋아한다. 건조에 강하고 내음성도 강한 편이다. 생육온도는 20~30℃ 정도가 알맞은데, 최저 10℃ 정도는 유지시켜 준다. 토양이 항상 젖어 있는 것을 좋아하지 않으므로 봄, 여름철 한창 생육 중일 때는 흙이 마르면 충분히 준다. 겨울철에는 물이 거의 필요하지 않아 월 1회 정도 준다. 비료는 생육이 왕성한 여름철 고온기에 완효성 비료를 월 1~2회 준다. 잎 광택제는 사용하지 않는 것이 좋다. 매우 생장이 빠른 식물이므로 분갈이는 1년에 한번 정도 5월경에 해준다. 소엽의 잎꽂이나 조직배양, 포기나누기, 씨앗으로 번식한다.

기바시스

학명: *Gibasis pellucida*
영명: Bridal veil
과명: 닭의장풀과 (Commelinaceae)
원산지: 멕시코
유통명: 엘레강스, 실달개비, 브라이달베일

덩굴성 여러해살이 풀꽃으로 공중걸이분에 심어 기르면 늘어지는 줄기가 둥글게 분을 덮어 아름답다. 잎은 윤기 있는 짙은 녹색으로 뒷면의 자줏빛과 대조를 이룬다. 5~7월에 작은 흰 꽃이 핀다.

✻ 기르기 포인트

밝은 반그늘을 좋아하므로 여름철에는 음지에 두고 다른 계절에는 밝은 곳에 두고 기른다. 음지에서도 잘 견디지만 며칠 간격으로 햇빛을 쬐게 하는 것이 좋다. 생육적온은 20~25℃이고 0℃ 이상에서 겨울나기가 가능하다. 생육기에는 흙이 마르면 물을 충분히 준다. 너무 건조하거나 고온기에 너무 과습하면 하엽이 시들어 버리기도 한다. 공중습도가 높은 것을 좋아하므로 잎에 물을 자주 뿌려주는 것이 좋다. 겨울철에는 조금은 건조하게 관리하지만 습도 유지를 위해 간혹 잎에 물을 뿌려준다. 봄과 가을에 포기 주변으로 소량의 고형비료를 주면 잎색이 아름다워진다. 분갈이는 4~6월경이 알맞은데, 생육이 빠른 식물이므로 포기가 노화되면 바짝 잘라 새로운 줄기와 잎을 내거나 새롭게 꺾꽂이하여 포기를 만들 필요가 있다. 줄기를 바짝 자르면 2~3개월 만에 다시 관상할 만큼 재생된다. 발근이 매우 쉬우므로 줄기를 5㎝ 정도로 잘라 공중걸이분에 10본 정도 직접 꺾꽂이하여 번식한다.

깁소필라 무랄리스

▲ 품종 'Gypsy Deep Rose'

학명: *Gypsophila muralis*
영명: Annual gypsophila, Cushion baby's-breath, Low baby's-breath
과명: 석죽과 (Caryophyllaceae)
원산지: 아시아 중부 및 유럽 전역

높이 20~25㎝ 정도까지 자라고 옆으로 퍼지는 한해살이 풀꽃으로 여름철 줄기 끝에 1㎝ 정도의 작은 분홍색 꽃이 빽빽하게 핀다. 줄기는 잘 분지되고 잎은 선 모양이다. 꽃색은 흰색에서 진분홍색 등 다양하고, 홑꽃에서 겹꽃까지 다양한 품종이 있다. 공중걸이분이나 모아심기의 가장자리를 부드럽게 장식할 수 있다.

✻ 기르기 포인트

햇빛을 좋아하지만 반그늘에서도 잘 자란다. 너무 햇빛이 적으면 꽃색이 연해진다. 물빠짐이 좋은 토양에서 기르면 관리에 신경을 덜 써도 잘 자란다. 20~25℃에서 씨앗으로 번식한다.

깁소필라 케라스티오이데스

학명: *Gypsophila cerastioides*
영명: Clumping baby's breath
과명: 석죽과 (Caryophyllaceae)
원산지: 부탄, 인도, 네팔, 파키스탄의 히말라야 고산지역
유통명: 이끼용담

높이 10㎝까지 자라고 폭이 25㎝까지 넓게 퍼지는 반상록성 여러해살이 풀꽃이다. 1㎝ 정도의 흰 꽃이 포기 가득 피어 아름다운 안개초의 근연종이다. 보통 야생화로 알려져 있으나 히말라야 고산에 자생하는 고산식물이다. 늦봄에서 초여름에 걸쳐 피는 꽃에는 진한 분홍색 선이 들어가 있다.

✻ 기르기 포인트

비교적 강건하여 기르기 쉬운 식물로 더위에 강하지만 너무 습하면 썩기 쉽다. 햇빛이 충분한 곳에서 꽃이 수북이 피고 잘 자라지만, 반양지에서도 꽃은 적지만 잘 자란다. 추위에 강한 편으로 추운 곳에서는 뿌리만 남아 다음해 봄에 다시 자란다. 물빠짐이 좋은 토양에서 기르고 토양이 조금 말랐을 때 물을 충분히 준다. 건조에도 강한 편이다. 봄이나 초가을에 포기를 나누거나 줄기를 꺾꽂이하여 번식한다.

꽃지황

키가 작은 꽃과 함께 화단이나 화분에서 기르기 알맞은 여러해살이 풀꽃이다. 뿌리에서 나오는 잎은 마름모 모양으로 가장자리에는 불규칙한 굵은 톱니가 있다. 늦봄에서 초여름 사이에 40~60㎝ 가량의 꽃대에 트럼펫 모양의 진한 분홍색 꽃이 4~5㎝ 크기로 계속 핀다. 한약재로 쓰이는 지황(*R. glutinosa*)과 근연종이다.

학명: *Rehmannia elata*
영명: Chinese foxglove
과명: 열당과 (Orobanchaceae)
원산지: 중국
유통명: 엘라타지황, 천목지황

✻ 기르기 포인트

햇빛이 잘 들고 물빠짐이 좋은 유기질 토양에서 기른다. 여름철 더위에 조금 약하므로 통풍이 잘 되는 반음지에 두는 것이 좋다. 추위에는 강하여 실외에서 겨울나기가 가능하다. 너무 습한 것은 좋아하지 않으므로 토양 표면이 마르면 물을 준다. 봄철과 가을철에 유기질 고형비료를 준다. 포기나누기나 포복경 나누기, 씨앗으로 번식한다.

네르테라

학명: *Nertera granadensis*
(= *Coprosma granadensis*)
영명: Bead plant, Coral moss
과명: 꼭두서니과
(Rubiaceae)
원산지: 오스트레일리아, 뉴질랜드, 남아메리카

여름에서 가을에 걸쳐 0.5㎝ 정도의 작은 오렌지색 열매가 아름답게 달리는 덩굴성 여러해살이 풀꽃으로 주로 소형의 분화로 이용한다. 가는 줄기는 퍼지면서 잘 분지하고, 심장 모양의 작은 잎들이 수북하게 덮는다. 최근에는 흰색과 노란색 열매 품종도 유통되고 있다.

기르기 포인트

반그늘의 조금 습한 조건을 좋아한다. 여름철에는 서늘한 조건에서 건조하지 않게 관리한다. 겨울철에는 0℃ 이상을 유지해준다. 포기나누기나 꺾꽂이로 번식한다.

네메시아

학명: *Nemesia caerulea*
영명: Nemesia
과명: 현삼과 (Scrophulariaceae)
원산지: 남아프리카

줄기가 직립하여 60㎝ 정도까지 자라는 여러해살이 풀꽃으로 밑부분은 다소 목질화된다. 4~5㎝ 가량의 잎은 긴 피침 모양으로 가장자리에 드문드문 톱니가 있다. 자주색에서 분홍색, 흰색, 노란색 등 다양한 색의 꽃은 봄에서 초여름에 걸쳐 줄기 끝에 피는데 여름철 관리만 잘하면 가을철에도 다시 꽃을 볼 수 있다. 약해 보이지만 뿌리만 내리면 튼튼하게 잘 자라므로 모아심기 화분에 여러 식물과 어울려 심기 좋다.

기르기 포인트

고온 다습에 약하므로 통풍이 잘 되고 오후 햇살이 들어오지 않는 반그늘에서 여름을 보내게 한다. 얼지 않는 정도에서 겨울나기가 가능하다. 꽃이 진 후 줄기를 반 정도 잘라주면 다시 꽃이 피기 시작한다. 봄과 초가을에 줄기꽃이를 하여 번식한다. 근연종으로는 가을뿌리기 한해살이 풀꽃인 *N. strumosa*가 있다.

▲ *N. strumosa*

네모필라

일반적으로 가을에 심는 한해살이 풀꽃으로 크기는 20~30㎝ 정도 자란다. 줄기는 잘 분지하면서 옆으로 뻗어서 자라고, 잎은 마주나고 장타원형으로 세의 깃털 모양으로 갈라져 있다. 3~6월에 직경 2~3㎝ 정도의 꽃이 핀다. 어느 정도 내한성이 있어서 따뜻한 남부지방에서는 노지에서도 겨울나기하므로, 가을철에 심은 모종을 겨울철 노지에 심어두면 봄철에 꽃이 핀다. 단, 추운 중부지방에서는 봄에 아주심기하는 것이 좋다.

학명:	*Nemophila menziesii*
영명:	Baby blue eyes
과명:	유리당초과 (Hydrophyllaceae)
원산지:	북아메리카 서부

▲ 봄철 꽃피는 시기가 비슷한 튤립과 같은 강렬한 색상의 꽃 주변에 함께 심어 채움꽃(필러, filler)으로 이용하기에 좋다.

기르기 포인트

햇빛이 잘 들고 물빠짐이 좋은 토양을 좋아하지만, 반그늘에서도 잘 자란다. 비료는 적게 요구하는 편이므로 적당히 준다. 온도가 낮고 습할 때 간혹 흰가루병이 발생하기도 한다. 꽃잎 가장자리가 연하늘색이고 안쪽은 흰색인 품종이 일반적이다. 씨앗으로 번식한다.

네프롤레피스 코르디폴리아 두피

높이 30㎝, 너비 45㎝까지 자라는 늘푸른 여러해살이 풀꽃으로 고사리류에 속한다. 가지런한 둥근 잎의 소엽으로 구성된 잎(엽상체)이 아름다워 실내 관엽식물로 이용하기에 알맞다. 우리나라에 자생하는 줄고사리의 원예 품종으로 원종은 -9℃까지 견디는 것으로 알려져 있으나 실내에서 기를 때는 연중 10℃ 이상을 유지하는 것이 좋다.

학명: *Nephrolepis cordifolia* 'Duffii'
영명: Lemon button fern, Fishbone fern, Erect sword fern
과명: 줄고사리과 (Nephrolepidaceae)
원산지: 열대, 아열대
유통명: 줄고사리, 더피

기르기 포인트

실내의 밝은 곳에서 기르는 것이 좋지만 음지에서도 잘 견딘다. 다른 관엽 고사리류에 비하여 낮은 습도와 높은 온도를 좋아하는 편이다. 묻어떼기나 포복경, 포자, 포기나누기로 번식할 수 있다.

니에렘베르기아

학명: *Nierembergia caerulea*
영명: Nierembergia
과명: 가지과 (Solanaceae)
원산지: 남아메리카

더위에 강하고 특별한 관리가 필요 없어 여름철 모아심기에 알맞은 여러해살이 풀꽃으로 원예적으로는 한해살이 풀꽃으로 취급한다. 최대 30㎝까지 낮게 자라고 잎이 작아서 다른 식물과 섞어 심기에 좋다. 종이처럼 바삭거리는 느낌을 주는 독특한 질감의 꽃이 매력적이다. 흰색에서 보라색까지 다양한 품종이 있다.

기르기 포인트

햇빛이 충분한 양지 또는 반양지의 물빠짐이 좋은 토양에서 잘 자란다. 여름철에 계속 꽃이 피기 때문에 주기적으로 비료를 주는 것이 좋다. 제주도 남해안에서는 겨울나기가 가능하다. 씨앗이나 줄기꽂이로 번식한다.

드라세나 산데리아나 로투스

학명: *Dracaena sanderiana* 'Lotus'
영명: Lotus lucky bamboo
과명: 용설란과 (Agavaceae)
원산지: 열대 아프리카 서부
유통명: 금천죽, 연화죽

개운죽보다 잎이 두껍고 넓다. 윗부분에 모여 있는 잎이 마치 연꽃과 같은 느낌을 주어 품종명이 붙여졌다.

✻ 기르기 포인트

일반 드라세나와 같이 물을 충분히 주면서 관리한다. 건조에도 강한 편이다. 실내의 밝은 곳에서 기르는 것이 좋지만, 음지에서도 잘 견딘다. 특별히 알려진 병충해는 없다. 잎이 없는 줄기를 잘라 꺾꽂이하여 번식한다.

▲ 개운죽(*D. sanderiana* 'Virens')

디스키디아 펙티노이데스

수분을 담고 있어 독특한 부푼 잎과 작은 빨간 꽃이 비교적 기르기 쉬워서 매력적인 덩굴성 여러해살이 풀꽃으로 작은 화분에 심어 기르기에 알맞은 다육식물이다.

학명: *Dischidia pectinoides*
영명: Ant plant, Kangaroo pocket
과명: 박주가리과 (Asclepiadaceae)
원산지: 동남아시아, 오스트레일리아
유통명: 디스키디아, 개미초

✻ 기르기 포인트

햇빛이 충분한 곳에서 잘 자라지만 여름철에는 반양지에서 기른다. 기르기 비교적 쉬워 밝은 실내에서 소형 화분에 심어 기르기에 알맞다. 화분의 흙이 말랐을 때 충분히 물을 준다. 공중습도가 높은 것을 좋아하는 반면 토양이 너무 습한 것은 싫어하므로 물빠짐이 좋은 토양이나 물이끼에 심어 기른다. 10℃ 이상에서 겨울나기를 한다. 여름철 마디에서 기근이 나온 줄기를 잘라 심거나 꺾꽂이하여 번식한다. 씨앗의 털을 제거하고 심어서 번식할 수도 있다.

디아스키아

학명: *Diascia barberae*
영명: Twinspur,
Barber's diascia
과명: 현삼과
(Scrophulariaceae)
원산지: 아프리카 남부
온대지역

최대 30㎝까지 자라면서 분홍색에서 빨간색의 꽃을 피우는 여러해살이 풀꽃이지만 보통 한해살이 풀꽃으로 다룬다. 여름철 내내 꾸준히 피는 꽃을 관상하기 위하여 작은 화분에 심거나 큰 화분에 다른 꽃들과 모아심기하여 기르기에 알맞다.

기르기 포인트

충분한 햇빛과 물빠짐이 좋은 토양에서 잘 자란다. 서늘하고 조금은 건조한 기후를 좋아한다. 5월부터 10월까지 계속 꽃이 피지만 더운 여름철에 잠시 꽃 피는 것을 멈추는데 이때 바짝 잘라주면 다시 피기 시작한다. 어릴 때 순지르기를 하여 아담하게 기른다. 씨앗으로 번식한다.

디콘드라

▲ 품종 'Silver Falls'

30~60㎝ 정도까지 늘어지는 덩굴성 여러해살이 풀꽃으로 공중걸이분이나 모아심기 가장자리에 심기 알맞다. 콩팥 모양의 귀여운 잎은 보통 은빛을 띠어 아름답다.

학명:	*Dichondra argentea*
영명:	Kidneyweed, Silver ponyfoot
과명:	메꽃과(Convolvulaceae)
원산지:	미국 남부 및 멕시코 건조지역

✻ 기르기 포인트

강건하게 생육하여 기르기 쉬운 편으로 고온과 건조에도 매우 강하다. 충분한 햇빛과 물빠짐이 좋은 토양에서 잘 자라지만 음지나 너무 습한 환경에서는 잘 자라지 못한다. 남부지방의 해안가에서는 밖에서 겨울나기가 가능하다. 보통 씨앗으로 번식하지만 포기나누기나 줄기 꺾꽂이, 휘묻이로도 번식한다.

▲ 품종 'Emerald Falls'

라구루스 오바투스

높이 50㎝ 정도까지 자라는 한해살이 풀꽃으로 5~6월에 길이 2~5㎝의 긴 달걀 모양 이삭이 아름다워 건조화로서 이용하거나 왜성의 품종을 화단이나 화분에 심어서 기른다.

학명: *Lagurus ovatus*
영명: Hare's-tail,
Hare's-tail grass
과명: 벼과
(Poaceae)
원산지: 지중해 연안(아프리카, 서아시아, 유럽)
유통명: 토끼꼬리풀

✻ 기르기 포인트

햇빛이 충분하고 물빠짐이 좋은 곳에서 잘 자란다. 내한성도 강하고 강건하여 기르기 쉬운 식물이다. 포기를 심을 때는 자라면서 많이 퍼지므로 밀식하지 않는 것이 좋다. 비료도 그다지 필요하지 않다. 가을에 씨앗을 뿌려서 번식한다.

라데르마케라

학명: *Radermachera sinica*
영명: China doll aralia plant, Serpent tree
과명: 능소화과 (Bignoniaceae)
원산지: 중국 남부, 대만

늘푸른 작은 나무로 윤기 있는 짙은 녹색의 잎이 아름다워 실내 관엽식물로 가치가 높다. 잎은 마주나고 2~3회 깃꼴겹잎이며, 소엽은 길이 2~5㎝ 정도로 가장자리는 밋밋하거나 간혹 무딘 톱니가 있다. 원산지에서는 20m까지도 자라는 큰 나무이나 원예적으로는 1m 내외로 화분에 심어 기른다.

✲ 기르기 포인트

어느 정도의 실내 음지에서도 견디지만 햇빛이 잘 드는 곳에서 잘 자라므로 실내의 창가나 밝은 곳에 두는 것이 좋다. 기본적으로 열대, 아열대 기후와 같은 더위를 좋아한다. 최저 2~3℃까지 견디므로 웬만한 실내에서는 겨울나기가 가능하다. 물빠짐이 좋은 토양에서 잘 자라며 토양이 건조해지면 화분에서 물이 흘러나올 때까지 충분히 물을 준다. 너무 건조할 때는 아랫잎이 떨어진다. 최근 키가 작은 품종 및 잎 가장자리에 노란 무늬가 들어간 품종이 개발되었다. 잎이나 가지에 깍지벌레가 발생하는 경우가 있으므로 주의한다. 주로 꺾꽂이하여 번식한다.

라미움 마쿨라툼

학명: *Lamium maculatum*
영명: Spotted dead nettle
과명: 꿀풀과
(Lamiaceae)
원산지: 유럽

◀ 품종 'Chequers'

높이 30㎝까지 건강하게 잘 자라는 여러해살이 풀꽃으로 잎은 진한 녹색이고 가운데 맥을 따라 은빛 무늬가 있다. 우리나라에 자생하는 광대나물의 근연종이다. 잎에 은백색에서 크림색의 무늬가 있는 다양한 품종이 있는데, 자라면서 지표면을 덮어 지피식물이나 모아심기의 소재로 알맞다. 품종에 따라 진분홍색에서 흰색 등의 꽃이 줄기 끝에 무리지어 봄부터 여름까지 계속 핀다.

▲ 품종 'Beacon Silver'

▲ 품종 'Purple Dragon'

✻ 기르기 포인트

햇빛이 너무 강하고 물빠짐이 나쁜 습한 토양에는 심지 않는다. 중부지방에서도 겨울나기가 가능하다. 줄기가 땅에 닿으면서 마디에 뿌리가 생겨 퍼지므로 포기나누기로 쉽게 번식할 수 있고 꺾꽂이로도 번식할 수 있다.

라바테라

▲ 품종 'Twins Hot Pink'

높이가 50㎝까지 자라는 한해살이 풀꽃으로 여름철에서 초가을까지 꽃이 핀다. 무궁화와 비슷한 분홍색 꽃이 아름다워서 분화나 화단식물로 이용 가능하지만 다습한 여름철을 싫어하므로 우리나라에서는 주로 분화로 이용된다.

학명:	*Lavatera trimestris*
영명:	Annual lavatera, Herb tree mallow
과명:	아욱과 (Malvaceae)
원산지:	지중해 연안

기르기 포인트

햇빛이 충분한 곳에서 잘 자라고 꽃을 피운다. 습한 것보다는 조금은 건조한 것을 좋아하므로 물 빠짐이 좋은 토양에서 재배한다. 따뜻한 곳에서는 가을에 씨앗을 뿌리지만 우리나라에서는 보통 봄철에 파종하는데 발아온도는 18~23℃가 알맞다. 진분홍색과 흰색 품종도 개발되었다.

라이스플라워

오스트레일리아 건조지역에 자생하는 늘푸른 작은 나무로 설상화는 없고 꽃잎 모양의 총포편이 꽃색을 나타낸다. 줄기는 갈라지면서 곧게 서고 1m까지 자란다. 줄기 끝에 꽃차례가 10㎝ 정도 너비의 산방 모양으로 흰색과 분홍색, 빨간색의 꽃을 피운다. 주로 가을에서 겨울철에 유통되고, 수명은 10일 정도이다. 잎을 떼어내고 건조화로 이용할 수 있다.

학명: *Ozothamnus diosmifolius* (= *Helichrysum diosmifolium*)
영명: Rice flower
과명: 국화과 (Asteraceae)
원산지: 오스트레일리아

✻ 기르기 포인트

햇빛을 좋아하지만 한여름에는 직사광선을 피하는 것이 좋고, 고온 다습에 주의해야 한다. 씨앗이나 꺾꽂이로 번식한다.

라이티아

학명: *Wrightia antidysenterica*
영명: Snowflake, Milky way, Winter cherry tree, Arctic snow
과명: 협죽도과 (Apocynaceae)
원산지: 스리랑카

원래는 2m까지 사라는 늘푸른 작은 나무지만 보통 화분에 심어서 30~50㎝ 정도로 기르기에 알맞다. 여름철 3~5㎝ 크기의 흰꽃이 피어 시원한 느낌을 준다. 꽃의 향기는 없다.

✻ 기르기 포인트

햇빛이 직접 닿지 않는 반양지에서 잘 자라지만 햇빛이 적은 실내에서도 비교적 꽃을 잘 피운다. -1℃까지 견딘다고 알려져 있지만 화분으로 기를 때에는 10℃ 이상에서 겨울나기를 하는 것이 좋다. 고온다습한 여름철에도 강한 편이며 물을 좋아하므로 충분히 준다. 한여름 전체적으로 꽃이 지고나면 새로운 순이 나와서 다시 꽃이 피도록 이전 꽃이 핀 가지의 밑부분을 조금만 남겨두고 잘라준다. 6~7월 꺾꽂이하여 번식한다.

레위시아

학명: *Lewisia cotyledon*
영명: Siskiyou lewisia
과명: 쇠비름과 (Portulacaceae)
원산지: 북아메리카 서부

늘푸른 여러해살이 풀꽃으로 조금 다육질인 잎은 로제트상으로 자라다가 잎 사이에서 꽃대가 나와 꽃이 피므로 소형 화분에 심어 기르기에 알맞은 분화로 이용한다. 꽃은 원뿔 모양의 꽃차례로 봄에 피는데 분홍색에서 빨간색, 자주색, 노란색 등 다양한 품종이 있다.

기르기 포인트

햇빛이 충분한 곳에서 기른다. 고온 다습에는 약하므로 여름철에는 시원한 반그늘에 비를 맞지 않게 관리한다. 추위에는 매우 강하여 중부지방에서도 잎이 시든 채 겨울나기를 할 수 있다. 건조에는 강한 편이다. 보통 포기나누기로 번식하지만, 씨앗으로도 번식할 수 있다.

레이스플라워

잎은 처음에는 뿌리에서 나온 후 줄기에 붙는다. 꽃은 줄기 끝에 긴 꽃대를 내서 복산형화서로 핀다. 화서는 직경 15~18㎝ 정도이다. 꽃의 수명은 3~7일 정도이고, 주로 봄철에 관상한다. 섬세한 흰색 꽃이 아름다워서 주로 채움꽃으로 이용한다.

학명: *Ammi majus*
영명: Bishop's weed, Lady's lace, Laceflower
과명: 산형화과 (Apiaceae)
원산지: 지중해 연안

렙토스페르뭄

높이 2m까지 자라는 늘푸른 작은 나무로 꽃은 흰색에서 진한 빨간색까지 다양하고, 겹꽃 품종도 분화로 많이 유통되고 있다. 잎은 1~2㎝ 정도로 피침형이고 가지에는 가시가 있다. 봄철에 매화꽃과 비슷한 꽃이 피어 유통명이 호주매화이다.

학명: *Leptospermum scoparium*
영명: Manuka, Broom teatree
과명: 도금양과 (Myrtaceae)
원산지: 오스트레일리아, 타스마니아, 뉴질랜드
유통명: 호주매화

기르기 포인트

한나절 햇빛이 들어오고 물빠짐이 좋은 토양에서 기른다. 건조와 고온에 조금 약한 편이므로 여름철 관리에 신경을 써 주어야 한다. 추위에 비교적 강하여 -5℃까지는 견딘다. 일주일에 한번 정도 물을 충분히 준다.

로단테

밑부분에서 여러 줄기가 나와서 30~60㎝ 정도 자라고 그 끝에 꽃을 한 개씩 피우는 한해살이 풀꽃이다. 둥근 꽃봉오리로 바깥쪽의 총포는 끝이 갈색을 띠지만 안쪽의 총포는 크게 발달하여 꽃잎 모양이 되는데, 그 색은 진분홍에서 분홍, 흰색 등이 있지만 꽃잎은 아니다. 건조화로 이용되기도 한다.

학명: *Rhodanthe chlorocephala* ssp. *rosea* (= *Helipterum roseum*)
영명: Spink paper daisy, Pink-and-white everlasting, Rosy sunray
과명: 국화과 (Asteraceae)
원산지: 오스트레일리아

기르기 포인트

햇빛이 충분하고 물빠짐이 좋은 곳에서 잘 자란다. 고온 다습에 약하므로 조금 건조하게 관리한다. 씨앗으로 번식한다.

로단테뭄 호스마리엔세

높이 10~30㎝ 정도 자라는 여러해살이 풀꽃 또는 잎떨기(낙엽성) 작은 나무이다. 봄부터 가을까지 계속 피는 직경 5㎝ 정도의 꽃은 흰색의 설상화와 노란색 통상화로 구성되어 있다. 잎은 세 갈래로 깊게 갈라져 있고 회녹색이다. 성질이 강건하여 암석정원이나 작은 화분에 심어 기르기에 알맞다.

학명: *Rhodanthemum hosmariense*
영명: Moroccan daisy
과명: 국화과 (Asteraceae)
원산지: 모로코

기르기 포인트

햇빛이 잘 드는 곳에서 잘 자란다. 습한 것을 싫어하므로 물빠짐이 좋은 곳에서 기른다. 고온 다습한 기후를 싫어하므로 여름철 관리에 신경써야 한다. -5℃까지 겨울나기가 가능하여 여러 해 자라면 잎떨기 작은 나무처럼 된다. 진딧물이나 응애가 발생한다. 꺾꽂이로 번식한다.

로로페탈룸 키넨세 루브룸

최대 1.5m까지 자라는 늘푸른 작은 나무로서 얇은 꽃잎을 가진 꽃이 수북이 피어 아름답다. 잎은 녹색에서 청동색이나 자주색인 경우가 많고 꽃은 진한 분홍색으로 핀다. 중간 크기의 분에 심어 기르거나 정원에 심어 기르는 꽃보기나무로서 이용된다.

학명: *Loropetalum chinense* var. *rubrum*
영명: Chinese fringe flower, Chinese witch hazel
과명: 조록나무과 (Hamamelidaceae)
원산지: 중국
유통명: 붉은풍년화

✻ 기르기 포인트

햇빛이 좋은 곳에서 잘 자란다. 물은 흙이 충분히 마른 후 준다. 추위에도 강한 편이어서 남부지방에서는 노지에서 겨울나기가 가능하다. 초여름 가지를 꺾꽂이하여 번식한다.

로포스페르뭄

최대 3m까지 자라는 덩굴성 여러해살이 풀꽃이다. 겨울철에도 따뜻하면 늘푸르지만, 서늘한 경우에는 잎이 떨어졌다가 이듬해 다시 새잎이 돋아난다. 잎은 삼각형으로 잔털이 있고 가장자리에는 굵은 톱니가 있다. 여름에서 초가을 나팔모양의 진분홍색 꽃이 핀다. 공중걸이분에 심어 기르기에 알맞다.

학명: *Lophospermum erubescens* (= *Asarina erubescens*)
영명: Creeping gloxinia, Mexican twist
과명: 질경이과 (Plantaginaceae)
원산지: 멕시코

✲ 기르기 포인트

햇빛이 충분하거나 조금 그늘진 곳에서 잘 자란다. 습한 것을 좋아하므로 토양이 건조해지지 않도록 주의한다. 미국 농무부 내한성 기준으로 8a~10b 지역(−12.2~1.7℃)에서 겨울나기가 가능하다. 무르거나 조금 여문 줄기를 꺾꽂이하거나 가을에 씨앗을 뿌려서 번식한다.

루코코리네

학명: *Leucocoryne* spp.
영명: Glory of the sun
과명: 수선화과 (Amaryllidaceae)
원산지: 남아메리카 칠레의 안데스 산맥

식물체의 높이는 30~60㎝ 정도이고, 잎은 얇고 길며 양파 같은 냄새가 난다. 하늘거리는 얇은 꽃대 끝에 우산살 모양으로 달리는 3~9개의 꽃이 아름답고 길어서 주로 자른꽃으로 이용하지만 화분에 심어 기를 수도 있다. 꽃색은 주로 파란색이지만 흰색 또는 분홍색 품종도 있다. 더위를 싫어하는 식물이므로 보통 늦가을에서 겨울에 걸쳐 심어 봄철에 개화시킨다.

✽ 기르기 포인트

햇빛을 좋아하고 물빠짐이 좋은 토양에서 잘 자란다. 산성토양을 싫어하므로 구근을 심기 전에 석회로 토양을 중화시킨다. 꽃이 핀 후 여름철에 잎이 노랗게 되면 건조 상태에서 휴면시킨다. 구근의 기부에 발생하는 자구로 번식하는데, *L. ixioides*의 경우에는 자구가 잘 생기는 편이다. 자른꽃은 물올림이 비교적 좋고 봉오리까지 정상적으로 개화되어 수명이 2주 정도 지속된다. 자른꽃은 꽃잎이 손상되기 쉬우므로 주의하여 다룬다.

▲ 다양한 화색의 루코코리네

루쿨리아 핀케아나

향기가 있는 연한 분홍색 꽃이 꽃차례를 이루어 피는 늘푸른 또는 잎떨기 작은 나무로 최대 2~3m까지 자란다. 잎은 마주나고 광택이 있는 진한 녹색이다. 단일성 식물로 주로 겨울철에 꽃이 피는 실내 분화식물로 기르기에 알맞다.

학명: *Luculia pinceana*
영명: Luculia, Pink spice
과명: 꼭두서니과 (Rubiaceae)
원산지: 히말라야 지역, 중국 운남성 고산지대

✻ 기르기 포인트

햇빛을 좋아하지만 고온 다습한 여름철에는 바람이 잘 부는 시원한 반그늘에 두고 기른다. 겨울철에는 최저 5℃ 이상이 유지되는 밝은 실내에 둔다. 건조에 약하므로 물을 충분히 주지만 꽃이 피었을 때에는 조금 줄여준다. 꽃이 진 후에는 꽃대 밑을 잘라 새로운 줄기를 낸다. 늦은 봄 꺾꽂이로 번식한다.

마가렛

▲ 품종 'Bright Carmine'

학명: *Argyranthemum frutescens* (= *Chrysanthemum frutescens*)
영명: Marguerite daisy
과명: 국화과 (Asteraceae)
원산지: 카나리아제도

마가렛은 오래 전부터 이용되어 온 꽃으로 늘푸른 여러해살이 풀꽃이지만 보통 한해살이 풀꽃으로 기른다. 쑥갓과 같은 잎에 청초한 흰색 꽃이 피는 것이 일반적이지만, 최근 다양한 근연종과의 교잡으로 노란색에서 분홍색, 자주색, 겹꽃 품종 등도 개발되어 매우 풍부해졌다. 꽃은 주로 봄철에 유통되지만 온도만 맞으면 연중 피는 품종이 많다.

기르기 포인트

햇빛을 매우 좋아하고 물빠짐이 좋은 토양에서 잘 자란다. 봄철에 새순을 순지르기하여 아담한 크기로 기른다. 줄기를 꺾꽂이하여 쉽게 번식시킬 수 있다.

▲ 품종 'Butterfly Yellow'

마주스 렙탄스

반상록성 여러해살이 풀꽃으로 늦봄에서 초여름에 직경 1㎝ 가량의 분홍색 통꽃이 피는데 아래쪽 3개 잎이 두드러진다. 흰색 품종도 많이 이용되고 있다. 식물학적 분류에 따라서는 우리나라에 자생하는 누운주름잎과 같은 종으로 취급하기도 한다. 보통 작은 화분에 심어 기르지만, 지면을 덮으면서 빠르게 자라고 간혹 밟아도 잘 자라므로 지피식물로도 적당하다.

학명: *Mazus reptans*
(= *Mazus miquelii*)
영명: Miquel's mazus
과명: 파리풀과
(Phrymaceae)
원산지: 온대 아시아 및 유럽
유통명: 핑크주름잎,
누운주름잎
(잘못된 이름)

✻ 기르기 포인트

햇빛이 충분하거나 적당한 실외나 밝은 실내에서 기른다. 추위에는 강하여 겨울나기에 큰 문제는 없다. 토양 표면이 말랐을 때 충분히 물을 준다. 포복경이나 포기를 나누어 번식한다.

멜라레우카 브락테아타

▲ 품종 'Revolution Gold'

짧은 잎이 줄기에 수북이 달려 침엽수와 같은 느낌을 주는 늘푸른 작은 나무이다. 꽃은 원통 모양의 이삭꽃차례 형태로 핀다. 잎색이 아름답고 귤과 같이 상큼한 향기가 나서 잎을 관상할 목적으로 중대형 화분에 심어 기르기에 알맞다.

학명: *Melaleuca bracteata*
영명: Black tea tree
과명: 도금양과 (Myrtaceae)
원산지: 오스트레일리아

기르기 포인트

성질이 강한 편이어서 기르기 쉽다. 습한 것을 싫어하므로 여름철 관리에 유의한다. 미국 농무부 내한성 기준으로 9~11지역(−6.7~4.4℃)에서 겨울나기가 가능하므로 남부 해안가나 제주도에서는 조경식물로 이용할 수 있다. 모양을 다듬기 위해서 강전정을 하여도 새로운 눈이 잘 나온다. 5~6월 꺾꽂이하여 번식한다.

멜람포디움

학명: *Melampodium paludosum*
영명: Butter daisy, Gold medallion flower
과명: 국화과 (Asteraceae)
원산지: 열대, 아열대 아메리카

봄에 심는 한해살이 풀꽃으로 소형 또는 중형의 화분에 심거나 여름철 화단에 심어 기른다. 6월에서 10월까지 피는 꽃은 직경 2~3㎝ 정도로 작지만 선명한 노란색으로 싱그러운 녹색의 잎과 대비되어 아름답다. 식물체는 30~40㎝ 정도까지 자라고 여름철 고온 다습한 기후에 강해서 최근 많이 이용되고 있다.

✻ 기르기 포인트

충분한 햇빛에서 잘 자라지만 약간 그늘을 드리우는 장소에서는 신선한 녹색 잎도 아름다워서 기르기에 적당하다. 물빠짐이 좋은 토양에 심는다. 어린 묘일 때에는 생육이 늦지만, 일단 온도가 높아지면 강건하게 잘 자라므로 화단에 심을 때에는 30㎝ 정도 간격을 두고 심는다. 어린 묘일 때 질소질 비료를 너무 많이 주게 되면 도장하므로 조심히 길러야 한다. 시든 꽃을 특별히 따줄 필요가 없어서 관리하기에 편하다. 특별히 충해가 문제가 되지는 않지만 간혹 진딧물이나 응애가 발생한다. 4~5월 25℃ 전후의 온도에서 씨앗을 심어 번식하는데, 작년 씨앗이 떨어져서 저절로 자라기도 한다.

무늬마삭줄

학명: *Trachelospermum asiaticum* cv.
영명: Asian star jasmine
과명: 협죽도과(Apocynaceae)
원산지: 우리나라, 일본

◀ 품종명 'Hatsuyuki'
초설(初雪). 새로 나오는 잎이 분홍 빛을 띤 흰색이었다가 점차 녹색으로 변하는 품종이다.

◀ 품종명 'Ougonnishiki'
황금금(黃金錦). 새로 나오는 잎이 붉은 빛을 띠었다가 사라지고 점차 잎 안쪽에 불규칙한 밝은 노란색 무늬가 있어 무척 아름다운 품종이다.

무늬마삭줄은 덩굴성 나무인 마삭줄(*T. asiaticum*)의 변이종이다. 밝은 햇빛에서 나타나는 잎의 무늬가 아름다워 분화로 많이 재배하고 있다. 따뜻한 남부지방에서는 밖에서도 겨울나기가 가능하다. 잎은 마주나고 길이 2~5㎝ 정도로 둥글며 가장자리는 밋밋하다. 향기가 좋은 작은 꽃은 봄에 개화하는데 무늬 품종의 경우에는 꽃이 잘 피지 않는다.

기르기 포인트

햇빛을 좋아하여 충분한 햇빛을 받지 않으면 품종 고유의 아름다운 잎색이 나타나지 않는다. 토양은 가리지 않지만 물빠짐이 좋은 토양을 좋아한다. 옮겨심기는 쉬운 편이다. 가지를 꺾꽂이하여 번식한다.

무라야 파니쿨라타

학명: *Murraya paniculata*
영명: Orange jessamine(jasmine)
과명: 운향과
(Rutaceae)
원산지: 인도네시아를 중심으로
한 동남아시아
유통명: 오렌지자스민

원산지에서는 최대 7m까지 자라는 늘푸른 작은 나무이다. 잎은 홀수 깃꼴겹잎이고, 줄기 끝에 향기가 좋은 흰색 꽃이 피었다가 붉은색 열매가 달린다. 중대형 화분에 심어서 실내에서 기르거나, 따뜻한 남쪽에서는 생울타리로도 이용 가능하다. 중국이나 일본에서는 여름철 달밤에 감귤의 향기를 낸다고 해서 월귤(月橘)이라고 하는데, 우리나라의 고산지대에 자생하는 월귤(越橘)과는 전혀 다른 식물이다.

✻ 기르기 포인트

원래는 햇빛을 좋아하지만, 음지에서도 잘 견디므로, 실내에서 기를 때는 가능하면 밝은 곳에 둔다. 미국 농무부 내한성 기준으로 9지역(-6.7℃)에서 겨울나기가 가능하지만 관엽식물로 실내에서 기를 때는 10℃ 이상을 유지해 주어야 한다. 특히 물을 좋아하므로 생장기인 6~9월에는 물주기에 주의한다. 올해 가지를 꺾꽂이하거나 씨앗으로 번식한다. 깍지벌레와 온실가루이의 발생에 주의해야 한다. 옮겨심기는 5~6월에 하는 것이 좋다.

무쎈다

원산지에서는 높이 2m까지 자라는 늘푸른 작은 나무이지만 원예적으로는 30~50㎝의 분화로 기르기에 알맞다. 여름철 가장자리에 흰색의 시원한 덮개잎에 둘러싸여 별모양의 노란색 꽃이 핀다. 원예적으로는 아프리카종과 필리핀종을 교잡한 품종이 많이 이용되고 있다.

학명: *Mussaenda parviflora*
과명: 꼭두서니과 (Rubiaceae)
원산지: 중국, 일본

✻ 기르기 포인트

햇빛은 반양지로서 여름이 되면 햇빛이 직접 닿지 않는 곳에 두는 것이 좋다. 더위에는 강하지만 추위에는 약한 편이어서 미국 농무부 내한성 기준으로 9b~11지역(-3.9~4.4℃)에서 겨울나기가 가능하다. 분화로서는 15℃ 이상에서 겨울을 보내는 것이 좋다. 토양표면이 마르면 충분히 물을 준다. 물빠짐이 좋은 토양에서 잘 자란다. 줄기를 꺾꽂이하여 번식한다.

미켈리아 피고

학명: *Michelia figo*
영명: Banana shrub,
Port wine magnolia
과명: 목련과
(Magnoliaceae)
원산지: 중국 남부
유통명: 피고 초령목, 함소화

늘푸른 작은 나무로 실외에서는 3~4m까지 자란다. 우리나라의 남부지방에 드물게 자생하는 초령목(*M. compressa*)의 유사종이다. 3~5월에 3㎝ 정도의 꽃이 피는데 향기가 좋아 보통 중형의 화분에 심어 기르지만 남부지방에서는 화단에 심어 기를 수 있다. 중국에서는 꽃에서 방향유를 채취하거나 약용 또는 꽃차를 만드는 데 쓰인다. 잎은 짙은 녹색으로 광택이 있고 길이는 5~10㎝ 정도이다. 꽃은 크림색이지만 꽃잎 가장자리나 안쪽으로 연한 자주색이 들어가 있다. 꽃은 바나나와 유사한 향기가 있어서 매력적이지만 꽃의 수명은 비교적 짧은 편이다.

✻ 기르기 포인트

햇빛이 충분한 곳에서 기르는 것이 좋지만 음지에서도 어느 정도 견디는 편이다. 유기질이 풍부하고 물빠짐이 좋은 산성토양에서 잘 자란다. 분으로 재배할 때는 꽃이 핀 후에 적절히 전정하여 수형을 가꾸어 준다. 옮겨심기를 싫어한다. 깍지벌레가 간혹 발생한다. 고온기에 꺾꽂이로 번식한다.

미크로필루스 아우레오바리에가투스 사철나무

학명: *Euonymus japonicus* 'Microphyllus Aureovariegatus'
영명: Evergreen euonymus
과명: 노박덩굴과 (Celastraceae)
원산지: 한국, 일본

늘푸른 작은 나무로 수많은 품종들이 개발되었다. 최근 왜성이면서 긴 잎의 가장자리에 노란 무늬가 있는 이 품종이 실내 관엽식물로 인기가 높다. 비교적 햇빛이 적은 곳에서도 잎 무늬가 그대로 유지되어 관엽식물 용기정원의 소품 등으로 이용하기에 좋다.

기르기 포인트

햇빛이 충분한 곳에서 길러야 잎에 무늬가 제대로 나타나므로 실내에서 기를 때에도 최대한 밝은 곳에 둔다. 물을 좋아하므로 흙 표면이 살짝 말랐을 때 충분히 준다. 추위에는 강하므로 실내에서 기를 경우 겨울을 나는 데 문제가 없다. 봄철 새순이 올라올 때 유기질 알비료를 준다. 꺾꽂이로 쉽게 번식한다.

▲ 탑사철나무 (*E. japonicus* 'Green Rocket')

바우톤실버 흰쑥

높이 15~30㎝, 너비 60~75㎝ 정도까지 퍼져 자라는 여러해살이 풀꽃으로 추위에 강한 편이다. 꽃은 여름에 피는데 관상가치는 없다. 잎은 흰 잔털로 덮혀 있어서 회색빛을 띠는데 향이 있다. 백묘국(*Senecio cineraria*)와 비슷하게 생겼지만 흰털이 적고 새 잎이 녹색 빛을 좀 더 많이 띠고 있는 점 등이 다르다. 용기정원의 채움식물이나 지피식물로 이용하기에 알맞다.

학명: *Artemisia stelleriana* 'Boughton Silver' (= 'Silver Brocade')
영명: Beach wormwood
과명: 국화과 (Asteraceae)
원산지: 북한, 일본 등 동북아시아

✻ 기르기 포인트

충분한 햇빛과 물빠짐이 좋은 사질토양에서 기른다. 토양 표면이 말랐을 때 충분히 물을 준다. 여름철에 자라나온 줄기를 순지르기하여 컴팩트한 모양을 유지해 준다. 줄기를 꺾꽂이하여 번식한다.

바위솔국

학명: *Delosperma cooperi*
영명: Hardy ice plant,
Trailing ice plant,
Cooper's ice plant
과명: 석류풀과
(Aizoaceae)
원산지: 남아프리카
유통명: 바위송엽국,
사철채송화

▲ 송엽국(*Lampranthus spectabilis*)

늘푸른 여러해살이 풀꽃으로 식물체의 높이는 15㎝ 정도이다. 잎은 다육질로 짧은 봉형인데, 다채로운 꽃색을 가진 송엽국(松葉菊)과 잎이 매우 유사하지만 조금 짧고 두꺼우며 추위에 매우 강하고 진분홍색의 꽃이 피며 포복성이 강한 점에서 다르다. 꽃은 초여름에서 초가을까지 피는데 4~6㎝ 정도의 진분홍에서 연자주색 꽃이 피었다가 주야운동을 한다. 건조에 강하므로 암석정원의 지피식물로 심어 여름철 화단을 장식하기에 알맞다.

✲ 기르기 포인트

충분한 햇빛에서 잘 자라며 반음지에서도 잘 자라지만 꽃 수가 조금 적어진다. 내서성뿐만 아니라 내한성도 강하여 -17.8℃까지도 견딜 수 있다. 생장이 빠르므로 30㎝ 정도 간격으로 가을철에 심는 것이 좋다. 목질화된 줄기를 6월이나 9~10월에 잘라 건조시킨 후 꺾꽂이하거나 종자 파종, 가을철에 포기를 나누어 번식한다.

바코파 카롤리니아나

다육성의 마주나는 잎은 연한 녹색으로 햇빛이 강한 곳에서 기르면 가장자리부터 자주색을 띤다. 여름에 4~5갈래로 갈라진 연한 보라색 꽃이 핀다. 잎이나 줄기를 짓이기면 레몬향이 난다. 물에 잠긴 상태에서 자라므로 보통 아쿠아리움 등에서 기른다.

학명: *Bacopa caroliniana*
영명: Blue water-hyssop, Lemon bacopa
과명: 현삼과 (Scrophulariaceae)
원산지: 북아메리카 남동부

기르기 포인트

햇빛이 좋은 곳에서 잘 자라지만 실내의 인공광 하에서도 자랄 수 있다. 온도는 15℃ 이상을 유지해주는 것이 좋다. 물을 매우 좋아하므로 물속에 심는다. 비료는 그다지 필요로 하지 않는다. 줄기를 꺾꽂이하여 쉽게 번식할 수 있다.

베고니아 드래곤윙

▲ 품종 'Dragon Wing'

학명:	*Begonia × hybrida*
영명:	Dragon wing begonia
과명:	베고니아과 (Begoniaceae)
원산지:	원예 교잡종

다소 늘어지는 줄기에 비대칭 긴 삼각형 모양의 광택 있는 잎이 달리면서 최대 30㎝까지 자란다. 생육이 매우 빨라 화분 전체에 가득 차서 10월까지 계속 빨간색 꽃을 피운다. 단독으로 큰 화분이나 공중걸이분에 심기에 알맞다.

기르기 포인트

반그늘의 유기물이 풍부하고 물빠짐이 좋은 토양에서 잘 자란다. 여름철 고온이나 습한 환경에 강한 편이다. 미국 농무부 내한성 기준으로 9~11지역(-6.7~4.4℃)에서 겨울나기가 가능하지만 보통 한해살이 풀꽃으로 기른다. 꺾꽂이나 씨앗뿌리기로 번식한다.

베로니카 페둔쿨라리스

▲ 품종 'Georgia Blue'

학명: *Veronica peduncularis*
영명: Speedwell
과명: 질경이과 (Plantaginaceae)
원산지: 서아시아 및 중앙아시아

줄기가 옆으로 퍼지다가 끝이 살짝 위로 올라오면서 자라는 여러해살이 풀꽃이다. 잎은 좁은 타원형으로 가장자리가 뭉툭하게 갈라져 있고, 초봄이나 겨울철에는 고동색을 띤다. 봄에 잎겨드랑이에서 1㎝ 정도의 선명한 파란색 작은 꽃이 핀다. 중소형 화분에 심어 기르기에 알맞다.

기르기 포인트

성질이 강건한 편으로 햇빛이 잘 들고 물빠짐이 좋은 비옥한 곳에서 잘 자란다. 여름철 고온 다습에는 약한 편이므로 서늘한 곳에 둔다. 씨앗이나 꺾꽂이, 포기나누기로 번식한다.

베르게니아 코르디폴리아

진한 녹색의 둥근 잎과 초봄에 무리지어 피는 분홍색 꽃이 아름다워 기르는 늘푸른 여러해살이풀꽃이다. 높이 및 너비는 50㎝ 정도까지 자란다. 추위에도 강하여 뿌리줄기가 겨울나기를 한 후 봄에 잎이 다시 나와서 자라기도 한다. 꽃은 2~5월에 피는데 분홍색을 기본으로 흰색과 붉은색 등 다양한 색상의 품종이 있다. 주로 화분에 심어 기르지만 남부지방에서는 늘푸른 지피식물로 적당하다.

학명: *Bergenia cordifolia* (= *B. crassifolia*)
영명: Elephant-ears, Siberian-tea
과명: 범의귀과 (Saxifragaceae)
원산지: 온대 아시아
유통명: 히말라야바위취, 설화

✻ 기르기 포인트

햇빛이 반나절 정도 들어오는 반양지에서 잘 자란다. 습기는 좋아하지만 화분에 물이 많으면 뿌리줄기가 썩을 수 있으므로 화분 표면이 말랐을 때 물을 흠뻑 준다. 주로 뿌리줄기를 잘라 번식한다.

보로니아 핀나타

학명: *Boronia pinnata*
과명: 운향과
(Rutaceae)
원산지: 오스트레일리아
유통명: 핀나타

▲ *B. heterophylla*

▲ *B. pilosa* 'Rose Blossom'

높이 1.5m까지 자라는 늘푸른 작은 나무이다. 바늘처럼 생긴 잎은 깃털꼴 겹잎이고 봄철 잎겨드랑이에서 피는 분홍색 꽃은 잎이 4장으로 직경 1~2㎝ 가량 된다. 잎이나 꽃을 문질렀을 때 감귤류 특유의 향이 좋아서 작은 화분에 심거나 또는 자른꽃으로도 이용할 수 있다. 같은 속의 *B. heterophylla*이나 *B. pilosa* 'Rose Blossom'도 많이 유통되고 있다.

기르기 포인트

부드러운 바람이 부는 반양지에서 잘 자라고 물빠짐이 좋은 토양을 좋아하지만 토양 표면이 말랐을 때 물을 흠뻑 준다. 겨울나기는 10℃ 이상을 필요로 한다. 꽃이 지면 가지의 반 정도를 잘라 새순을 내서 새로운 꽃을 즐길 수 있다. 줄기를 꺾꽂이하거나 씨앗을 뿌려서 번식한다.

부용국

향기 있는 은빛 잎이 아름다운 늘푸른 작은 나무로 높이 30㎝까지 자란다. 오래된 나무에서는 꽃이 피지만 관상가치는 없다. 화단이나 모아심기 때 무늬잎식물로 이용하기에 알맞다. 필리핀이나 중국에서는 약용식물로도 이용된다.

학명: *Crossostephium chinensis*
영명: Chinese wormwood
과명: 국화과 (Asteraceae)
원산지: 중국 남부, 오키나와, 대만, 필리핀

기르기 포인트

햇빛이 충분하고 물빠짐이 좋은 토양에서 잘 자란다. 물은 토양 표면이 충분히 말랐을 때 준다. 특별한 병충해는 없다. 새로운 줄기나 약간 목질화된 줄기를 꺾꽂이하여 번식한다.

부플레우룸

학명: *Bupleurum rotundifolium*
영명: Thoroughwax
과명: 산형화과 (Apiaceae)
원산지: 유럽, 아시아

한해살이 풀꽃으로 60~80㎝ 정도까지 자란다. 줄기는 가늘고 잎은 얇은 달걀 모양으로 줄기를 감싸고 있다. 꽃은 매우 작고 노란색이며, 5~7월 줄기 끝에 산형으로 핀다. 덮개잎(포엽)은 녹색이다.

✻ 기르기 포인트

충분한 햇빛을 필요로 한다. 주로 꽃꽂이의 자른가지(절지, 切枝)로 이용하고 화분에 심어 감상할 수도 있다. 가을에 씨앗을 뿌려서 번식한다.

브라시아

학명: *Brassia* spp.
영명: Brassia orchid, Spider orchid
과명: 난과 (Orchidaceae)
원산지: 열대아메리카

늘푸른 여러해살이 착생란으로 30~75㎝ 정도 자란다. 위구경(근경의 일부가 구근 모양으로 비대해서 지상부로 자라난 것)이 발달해 있고 잎은 긴 타원형이다. 꽃은 최대 직경 20㎝ 정도로 긴 꽃받침잎이 특징적이다. 봄에서 초여름에 걸쳐 피는 특이한 모양의 향기로운 꽃을 즐기기 위해서 기르는 열대성 난이다.

기르기 포인트

여름철을 제외하고는 연중 충분한 햇빛이 필요한데, 특히 겨울철이 그러하다. 비교적 서늘한 곳에서도 겨울나기가 가능하여 겨울철에도 최저 12℃ 정도만 유지하면 매년 꽃을 볼 수 있다. 습한 조건을 좋아하므로 기근의 주변에 간혹 물을 뿌려주는 것도 좋다. 위구경을 잘라서 번식한다.

브라키스코메 안구스티폴리아

높이 30㎝ 전후로 낮게 자라면서 꽃을 피우는 왜성의 늘푸른 여러해살이 풀꽃으로 잎은 얇고 끝이 세 갈래로 갈라진 것이 특징이다. 꽃은 직경 2㎝ 정도로 기본색은 보랏빛 청색이지만 최근에는 분홍빛이 도는 품종도 있다. 봄철 한들거리는 꽃잎이 매력적인 식물로서 중소화분으로 이용하기에 알맞다. 관련 원예종으로 *B. diversifolia, B. iberidifolia, B. multifida*가 있다.

학명: *Brachyscome angustifolia*
(= *Brachycome angustifolia*)
영명: Swan River daisy
과명: 국화과
(Asteraceae)
원산지: 오스트레일리아 남동부

✻ 기르기 포인트

햇빛이 충분한 곳에서 잘 자라고 건조에는 약한 편이다. 여름철의 고온 다습을 싫어하므로 주의한다. 미국 농무부 내한성 기준으로 9지역(-6.7℃)까지 겨울나기가 가능하다. 물빠짐이 좋은 토양을 좋아한다. 꽃 피기가 어느 정도 끝났을 때 적당하게 잘라준 후 여름을 나게 하는 것이 좋다. 씨앗이나 꺾꽂이, 포기나누기로 번식한다.

브라키스코메 이베리디폴리아

늦봄에서 여름철에 걸쳐 2~3㎝ 정도 크기의 꽃을 계속 피우는 한해살이 풀꽃이다. 높이 30~40㎝까지 자라고 다수 퍼지면서 줄기가 많이 갈라지다. 잎은 코스모스잎과 같이 가늘게 갈라져 있다. 가운데 통상화는 노란색이고 설상화는 연보라색, 자홍색, 분홍색, 흰색 등 다양하다. 전체적으로 가녀린 모습이 아름다워 용기정원의 가장자리 등에 심기에 알맞다.

학명: *Brachyscome iberidifolia*
영명: Swan River daisy
과명: 국화과 (Asteraceae)
원산지: 오스트레일리아
유통명: 애기코스모스

기르기 포인트

물빠짐이 좋고 직사광선이 닿는 곳에서 잘 자란다. 미국 농무부 내한성 기준으로 8지역(-12.2℃)까지 겨울나기가 가능하다. 토양 표면이 말랐을 때 물을 충분히 준다. 씨앗으로 번식한다.

브레이니아

높이 1.5m까지 자라는 늘푸른 작은 나무이다. 가지는 잘 뻗어나가 분지하고 가지 끝에서 새롭게 나오는 2~4㎝ 정도 되는 잎은 녹색 바탕에 흰 무늬가 불규칙하게 들어가 있어서 아름답다. 보통 중소형 화분에 심어 유통되고 있다.

학명: *Breynia disticha* (= *Breynia nivosa*)
영명: Foliage-flower, Snowbush
과명: 여우주머니과 (Phyllanthaceae)
원산지: 남태평양 여러 섬

✲ 기르기 포인트

햇빛을 좋아하여 햇빛을 충분히 받아야만 잎의 흰색이 뚜렷해진다. 여름에는 반그늘에서 기르는 것이 좋다. 습한 환경을 좋아하므로 물은 충분히 준다. 가을철 15℃ 이하가 되면 일부 잎이 떨어지게 되는데 이때에는 물을 줄이면서 실내에서 겨울나기를 한다. 뿌리 발달이 왕성하므로 매년 봄철 분갈이를 해주는 것이 좋다. 꺾꽂이로 번식한다.

브로왈리아

추위에 약한 여러해살이 풀꽃으로 최대 1m까지 자란다. 잎은 긴 달걀 모양이고 줄기의 윗부분에 직경 3~5㎝ 정도의 자주색 꽃이 여름에서 초가을에 걸쳐 핀다. 소형 화분이나 공중걸이분에 심어 감상한다.

하명: *Browallia speciosa*
영명: Bush violet, Amethyst violet
과명: 가지과 (Solanaceae)
원산지: 중앙아메리카

기르기 포인트

직사광선을 받지 않는 밝은 곳에서 기르기에 알맞다. 미국 농무부 내한성 기준으로 9지역(-6.7℃)까지 겨울나기가 가능하다. 비료질이 풍부하고 물빠짐이 좋은 토양이 좋고, 너무 물을 많이 주면 잎만 무성해진다. 주로 씨앗으로 번식하고 꺾꽂이도 가능하다.

브루그만시아

늘푸른 여러해살이 작은 나무로 최대 3m까지 자란다. 주로 중앙 아메리카 원산의 *B. aurea*와 *B. versicolor* 간 교잡종을 많이 기르고 있다. 여름에서 가을에 걸쳐 향기 있는 대형 나팔 모양의 꽃이 밑을 향하여 핀다. *Datura*속과 유사하지만, 이 식물은 나무이고 꽃이 아래로 피며, 열매에 가시가 없다는 점에서 차이가 있다. 여름철 대형의 꽃이 이국적인 느낌을 주어 중대형 화분에서 기르기에 적당하다.

학명: *Brugmansia* × *candida*
영명: Angel's trumpet
과명: 가지과 (Solanaceae)
원산지: 중앙아메리카
유통명: 천사의 나팔

✽ 기르기 포인트

햇빛이 좋은 곳에서 기르는 것이 좋다. 열대 원산이지만 얼지 않을 정도의 온도에서는 잎이 떨어진 후 미국 농무부 내한성 기준으로 9지역(−6.7℃)까지 겨울나기가 가능하다. 물을 좋아하므로 여름철에는 충분히 준다. 꺾꽂이로 번식하는데, 줄기를 잘라 물에 꽂아도 뿌리가 쉽게 난다.

블랙빈

원산지에서는 30m까지 자라는 늘푸른 큰나무이나 보통 소형 화분에 심어서 특이한 열매와 늘푸른 잎을 감상하는 관엽식물로 이용한다. 큰 콩 같은 열매가 갈라지면서 눈이 나와 신기함을 주는 식물이다. 잎은 길이 15㎝ 정도이고, 폭은 6~7㎝의 깃꼴겹잎으로 11~15개의 작은 잎으로 구성되어 있다.

학명:	*Castanospermum australe*
영명:	Black bean, Moreton bay chestnut
과명:	콩과 (Fabaceae)
원산지:	오스트레일리아

기르기 포인트

보통 햇빛이 충분한 곳에서 기른다. 옮겨심기는 5월경에 하는 것이 좋고 비료는 봄과 가을의 생장기에 준다. 겨울에는 최저 5℃ 전후에서 겨울나기가 가능하다. 아담한 크기의 분화로 재배하기 위해서는 왜화제의 처리가 필요하다.

블루세이지

▲ 품종 'Victoria Blue'

자생지나 따뜻한 곳에서는 여러해살이 풀꽃이지만 보통 한해살이 풀꽃으로 취급한다. 1~1.5㎝ 작은 꽃이 수십여 개 이삭꽃차례 모양으로 모여 핀다. 최대 50㎝ 정도 자란다. 꽃이 흰색인 품종도 있다. 더운 여름철 시원한 느낌을 주는 화단식물로 기르기에 알맞다.

학명:	*Salvia farinacea*
영명:	Blue sage, Mealy-cup sage
과명:	꿀풀과 (Lamiaceae)
원산지:	북아메리카
유통명:	청샐비어, 블루세이지

✻ 기르기 포인트

햇빛이 충분한 곳에서 잘 자라지만 반양지에서도 자란다. 물빠짐이 좋은 토양에서 잘 자란다. 일반 빨간색 샐비어와 유사한 조건에서 기른다. 특별한 병충해가 없지만 너무 습할 때 뿌리가 썩을 수 있다. 씨앗으로 번식한다.

비덴스 페룰리폴리아

▲ 품종 'Yellow Charm'

학명:	*Bidens ferulifolia*
영명:	Apache beggar-ticks, Bur-marigold
과명:	국화과 (Asteraceae)
원산지:	멕시코 및 중앙아메리카

보통 한해살이 풀꽃으로 취급하지만 제주도 등지에서는 겨울나기가 가능한 여러해살이 풀꽃이다. 높이 45~60㎝까지 자라고 직경 약 3~4㎝의 선명한 노란색 꽃이 핀다. 잎은 2회 깃털꼴로 깊게 갈라져 있다.

기르기 포인트

햇빛이 잘 들고 물빠짐이 좋은 곳에서 잘 자란다. 꽃은 여름에서 초가을까지 핀다. 자라면서 줄기를 옆으로 뻗으면서 풍성하게 자란다. 물은 토양이 말랐을 때 충분히 준다. 고온 다습한 환경을 싫어하므로 여름철 관리에 유의한다. 보통 씨앗으로 번식하지만 꺾꽂이도 가능하다.

비부르눔 티누스

학명: *Viburnum tinus*
영명: Laurustinus
과명: 연복초과 (Adoxaceae)
원산지: 지중해연안 (북아프리카, 서아시아, 남유럽)
유통명: 동설목

최대 3m까지 자라는 늘푸른 작은 나무로 줄기는 잘 분지하고 겨울철에 꽃이 핀다. 꽃차례는 직경 7㎝ 정도로 줄기 끝이나 잎겨드랑이에 산형 또는 산방꽃차례로 흰색 또는 연한 빨간색의 작은 꽃이 핀다. 열매는 둥근 검정색 또는 진한 자주색으로 관상가치가 있다. 품종에 따라 잎색이 다양하다. 추운 중부지방을 제외한 전국 정원에 심거나 꽃꽂이용 자른가지 및 분화로 이용 가능하다.

▲ 꽃꽂이용 자른가지

기르기 포인트

반양지 또는 양지에서 잘 자란다. 강한 전정은 피하고 너무 건조하지 않게 관리한다. 일반적으로 생육이 왕성하여 크게 관리를 필요로 하지 않는다. 건조에 강한 편이고 내염성도 있어 해안가에서 기르기에 적당하다. 줄기 꺾꽂이나 씨앗으로 번식한다.

비텍스 아그누스카스투스

학명: *Vitex agnus-castus*
영명: Chasteberry, Chastetree
과명: 꿀풀과 (Lamiaceae)
원산지: 지중해 연안 및 중유럽, 서아시아
유통명: 순결나무(영명 번역)

초여름부터 여름에 걸쳐 20㎝ 정도의 모음꽃을 계속 피워낸다. 최대 2m까지 자라는 잎떨기 작은 나무로서 정원에 심거나 자른꽃(절화, 切花)으로 이용하기에 좋다. 향기가 있는 잎은 5~7매의 작은 잎이 둥글게 모여 있다. 꽃은 파란색으로 작고 향기가 있는데 줄기 끝에 꽃차례로 핀다. 열매는 향기가 있어서 향신료로 이용하고 건강식품이나 허브티로도 이용 가능하다고 한다.

✲ 기르기 포인트

햇빛을 좋아하므로 빛이 충분하고 물빠짐이 좋은 토양에서 기른다. 더위나 추위[미국 농무부 내한성 지역구분의 7지역(-17.8℃), 6지역(-23.3℃)에서는 약간의 피해]에도 강하다. 올해 약간 여문 줄기를 꺾꽂이하거나 씨앗, 휘묻이로도 번식시킬 수 있다.

빈카 미노르 일루미네이션

본 품종은 잎이 짙은 녹색으로 안쪽으로 노란색의 불규칙한 반점이 있어서 아름다운 늘푸른 덩굴식물이다. 1995년 미국의 육성자가 온실에서 가지변이를 발견하여 미국과 캐나다 등에 품종보호 등록되어 있다. 가지가 밑으로 잘 처져 자라는 습성이 있어 공중걸이분으로 이용하기에 알맞다.

학명: *Vinca minor* 'Illumination'
영명: Small periwinkle, Common periwinkle, Creeping myrtle
과명: 협죽도과 (Apocynaceae)
원산지: 유럽, 코카서스

✻ 기르기 포인트

햇빛이 좋은 곳에서 잘 자라고 반엽의 색도 잘 나타나지만 반음지에서도 어느 정도는 견딜 수 있다. 물빠짐이 좋은 토양에 심는다. 빈카 마요르(*Vinca major*)와 비슷하지만 줄기나 잎이 작은 편으로, 용도는 거의 동일하다. 잎은 빽빽하게 자라고 밑으로 처지는 경향이 있으며 반음지에서도 잘 자라므로 경사면 등의 지피식물로도 적당하다. 내한성도 상당히 강해서 추운 지역에서도 재배할 수 있다. 꺾꽂이와 포기나누기로 번식한다. 가지가 너무 자라면 뿌리 위에서 바짝 잘라서 새로운 가지가 나오도록 한다.

사포나리아 오키모이데스

늦봄에서 여름철에 귀여운 분홍색 작은 꽃이 수북이 피는 여러해살이 풀꽃으로 흰색이나 진분홍색 품종도 있다. 꽃은 포기에서 여러 줄기가 나와서 둥글게 자란 식물체의 끝에서 핀다. 높이 20㎝, 너비 40㎝ 정도까지 자란다. 화단 가장자리나 암석정원, 작은 화분에 심어 기르기에 알맞다.

학명: *Saponaria ocymoides*
영명: Rock soapwort
과명: 석죽과 (Caryophyllaceae)
원산지: 유럽
유통명: 넝쿨장구채

✲ 기르기 포인트

햇빛이 잘 드는 양지 또는 반양지에서 잘 자란다. 추위에 강하여 전국에서 겨울나기가 가능하다. 건조에 비교적 강한 편이고 습한 것을 싫어하므로 물빠짐이 좋은 토양에서 기른다. 가을이나 초봄에 포기나누기나 씨앗으로 번식한다.

삭시프라가 로자세아

학명: *Saxifraga rosacea*
과명: 범의귀과
(Saxifragaceae)
원산지: 북서부 및 중부 유럽
유통명: 천상초,
운간초(잘못된 이름)

북서부 및 중부 유럽에 자생하는 여러해살이 풀꽃이다. 식물체의 높이는 5~10㎝ 정도로 매우 단정하여 작은 화분에 심어 야생화의 정취를 느끼기에 좋다. 자연 상태에서는 3~5월에 꽃이 핀다. 시장에서는 운간초로 불리는데, 일본에 자생하는 운간초(雲間草)와는 다른 종류이다.

✽ 기르기 포인트

햇빛이 좋고 물빠짐이 좋은 토양에서 기른다. 고온 다습에 약하고 너무 빽빽하게 심으면 시들기 쉬우므로 꽃이 핀 후에는 줄기의 반 정도를 바짝 잘라 주고 반음지의 서늘한 곳에서 관리한다. 여름을 넘기고 난 후에 포기나누기를 하면서 분갈이를 한다. 용토는 야생화 식재 시 많이 이용하는 마사토가 좋다. 장마나 여름철 고온 다습에 약하므로 서늘한 곳에서 여름을 지내게 한다. 내한성은 강하여 -15℃ 정도에서도 견딘다. 교잡이나 변이로 화색이 매우 다양하지만 품종화되지는 않았다. 포기나누기나 초여름 꺾꽂이로 번식한다. 진딧물이 간혹 발생한다.

산비탈리아

학명: *Sanvitalia procumbens*
영명: Creeping zinnia
과명: 국화과 (Asteraceae)
원산지: 멕시코
유통명: 애기해바라기

높이 20㎝까지 자라는 포복성 한해살이 풀꽃으로 마주나는 긴 타원 모양의 잎은 6㎝ 정도이다. 꽃은 직경 2㎝ 정도로 안꽃(통상화)은 암갈색이고 가장자리꽃(설상화)은 노란색이다. 최근에는 안꽃이 노란색인 품종이나 가장자리꽃이 흰색이거나 꽃잎 수가 증가한 품종 등이 개발되어 다채로운 꽃색과 모양을 가지게 되었다. 여름철 단정한 모양의 작은 꽃이 무리지어 피어 모아심기의 가장자리를 장식하기에 알맞다.

✲ 기르기 포인트

햇빛이 잘 들고 물빠짐이 좋은 곳에서 기른다. 더위에는 강하지만 과습한 환경에는 약하기 때문에 여름철에 너무 빽빽해지면 솎아준다. 봄철에 씨앗으로 번식한다. 서늘하고 습할 때 흰가루병이 발생하기 쉽다.

▲ 멕시코 초지에서 자생하는 모습

산세베리아 스카이라인

▲ 품종 'Skyline'

학명: *Sansevieria cylindrica*
영명: African bowstring hemp, Spear sansevieria
과명: 아스파라거스과 (Asparagaceae)
원산지: 열대 남아프리카

늘푸른 다육성 여러해살이 풀꽃으로 높이 1m까지 자란다. 잎은 단단한 봉 모양으로 진한 녹색 바탕에 연한 녹색의 줄무늬가 가로로 있다. 간혹 향이 좋은 꽃이 피지만 관상가치는 없다. 관리가 적은 실내정원에서 이국적인 모습을 연출하기에 좋은 다육식물이다.

✽ 기르기 포인트

햇빛이 충분한 실내에서 기른다. 겨울철에는 10℃ 이상을 유지해준다. 봄과 가을철에는 토양 표면이 충분히 말랐을 때 흠뻑 물을 준다. 여름과 겨울철에는 한달에 두어 번 물을 조금씩 준다. 두툼한 뿌리줄기를 10㎝ 정도로 잘라 1~2일 말린 후 물빠짐이 좋은 토양에 심어서 번식한다.

살비아 비리디스

높이 30~60㎝까지 자라는 여러해살이 풀꽃이지만 보통 한해살이 풀꽃으로 취급한다. 여름에서 초가을에 걸쳐 줄기 끝에 꽃이 피는데 오랫동안 유지하는 덮개잎의 색이 아름다워서 화단에서 기르기에 알맞다. 흰색, 분홍색, 보라색 등의 품종이 있다.

학명: *Salvia viridis* (= *S. horminum*)
영명: Annual clary, Painted sage
과명: 꿀풀과(Lamiaceae)
원산지: 지중해 연안을 중심으로 이란, 러시아 등의 건조한 석회질 토양

기르기 포인트

햇빛이 충분하고 물빠짐이 좋은 곳에서 잘 자란다. 흙이 어느 정도 마른 후에 물을 충분히 준다. 비료는 이주심기 할 때 충분히 준다. 제주도에서는 여러해살이 풀꽃처럼 기를 수 있다. 씨앗으로 번식한다.

세둠 루페스트레 안젤리나

높이 20㎝까지 자라는 다육성의 늘푸른 여러해살이 풀꽃이다. 여름철 노란꽃이 피지만 눈에 띠는 관상가치는 없다. 바늘 모양의 야광빛 노란 잎색이 아름다워서 암석정원의 가장자리 등에 지피식물로 기르거나 대형 화분의 가장자리에 심어서 흘러내리도록 기르기에 알맞다.

학명: *Sedum rupestre* 'Angelina'
영명: Reflexed stonecrop, Rock stonecrop
과명: 돌나물과 (Crassulaceae)
원산지: 유럽

✲ 기르기 포인트

햇빛이 매우 좋고 물빠짐이 좋은 토양에서 잘 자란다. 반그늘에서도 잘 자라지만 노란 잎색이 녹색으로 변하기 쉽다. 미국 농무부 내한성 기준으로 5~8지역(−28.9~−6.7℃)에서 겨울나기가 가능하다. 온도가 낮아지면 잎이 붉은 오렌지색으로 변한다. 줄기가 너무 길어지면 기부에서 새로운 줄기가 나오도록 잘라 준다. 초봄 줄기나 잎을 꺾꽂이하거나 봄철 포기를 나누어 번식한다.

세둠 리네아레 씨어친

생장이 왕성한 다육질의 덩굴성 여러해살이 풀꽃이다. 높이 최대 10㎝, 너비 90㎝까지 자란다. 잎은 뾰족한 선형으로 가장자리에 연한 노란색 무늬가 있다. 간혹 봄철 줄기 끝에 노란색 꽃을 피우지만 관상가치는 적다.

학명: *Sedum lineare* 'Sea Urchin'
영명: Variegated sedum, Carpet sedum, Needle stone crop
과명: 돌나물과 (Crassulaceae)
원산지: 중국, 일본
유통명: 무늬돌나물, 은하수 세덤

기르기 포인트

햇빛이 충분한 곳을 좋아하지만, 반그늘에서도 자란다. 건조에 강하므로 물빠짐이 좋은 곳에서 기른다. 줄기를 잘라 1~2일 그늘에서 건조시킨 후 꺾꽂이하거나 포기를 나누어 번식한다.

세둠 스푸리움 트리칼라

따뜻한 곳에서는 늘푸른 다육성 여러해살이 풀꽃으로 기를 수 있지만 추운 곳에서는 겨울철에 잎과 줄기는 죽고 이듬해 봄 새로운 줄기가 나와서 자란다. 잎의 가장자리에 있는 크림색과 분홍색 무늬가 아름다워서 분화로 기르거나 추위에 강하므로 화단에 심어서 기르기에 알맞다. 여름에 분홍색의 꽃이 피지만 관상가치는 크지 않다.

학명: *Sedum spurium* 'Tricolor' (= *Phedimus spurius* 'Tricolor')
영명: Tricolor caucasian stonecrop
과명: 돌나물과 (Crassulaceae)
원산지: 터키 등 서아시아
유통명: 오색기린초

✲ 기르기 포인트

충분한 햇빛과 물빠짐이 좋은 토양에서 잘 자란다. 건조에 비교적 강한 편이므로 봄, 가을에는 토양 표면이 말랐을 때 물을 준다. 줄기를 꺾꽂이하여 번식한다.

솔라눔 자스미노이데스

광택이 있는 짙은 녹색을 가진 늘푸른 덩굴나무로 50~200㎝까지 자란다. 꽃은 6~8월에 지름 2~3㎝인 가지과 특유의 별 모양 꽃이 가지 끝에 모여서 계속 피는데 처음 피었을 때에는 옅은 보라색이었다가 점차 흰색이 된다. 향기가 좋아 주로 화분에 심어 재배되고 있다.

학명: *Solanum jasminoides*
영명: Potato vine, Jasmine nightshade
과명: 가지과 (Solanaceae)
원산지: 남아메리카

기르기 포인트

물빠짐이 좋은 토양에 심어서 햇빛이 좋은 곳에 화분을 두고 기른다. 조금은 내한성이 있어서 남부 해안지방이나 제주도 등에서는 실외에서도 재배가 가능하다. 꽃색은 흰색에서 옅은 보라색 등의 품종이 있고 반엽품종도 육성되었다. 꺾꽂이로 번식한다.

수련목

높이 최대 2~3m까지 자라는 늘푸른 나무로 보통 중소형 화분에 심어 기른다. 잎은 길이 3~6㎝ 정도로 가장자리에 둥근 톱니가 있다. 7~8월 줄기 끝 부분의 잎겨드랑이에서 피는 연보라색 꽃은 직경 4㎝ 정도로 5장의 꽃잎과 꽃받침잎이 사이사이에 피어 마치 수련과 같은 느낌을 준다.

학명: *Grewia occidentalis* (= *Grewia caffra*)
영명: Lavender starflower, Crossberry
과명: 피나무과 (Tiliaceae)
원산지: 남아프리카

✲ 기르기 포인트

햇빛이 잘 들고 물빠짐과 물가짐이 좋은 토양에서 기른다. 분으로 겨울나기를 할 때에도 7℃ 이상은 유지시켜 준다. 봄에서 가을에 걸쳐 표면이 젖을 정도로 물을 충분히 준다. 분갈이는 4월경이 알맞고 6월경 줄기를 꺾꽂이하여 번식한다.

수테라

반내한성 여러해살이 풀꽃이지만 우리나라에서는 보통 한해살이 풀꽃으로 기르고 있다. 식물체의 높이는 20㎝ 전후로 다소 덩굴성으로 자라므로 분화나 공중걸이분에서 기른다. 꽃색은 흰색 또는 연보라색이고, 다섯 장의 꽃잎이 붙어 있다. 줄기와 잎겨드랑이 사이에서 계속 꽃이 피어 화분을 가득 채운다.

학명: *Sutera cordata* (= *Bacopa cordata*)
영명: Sutera, Bacopa
과명: 현삼과 (Scrophulariaceae)
원산지: 아프리카, 카나리아제도

✻ 기르기 포인트

아침 햇살이 좋고 오후에는 그늘지는 정도의 조건을 좋아한다. 고온 다습한 기후를 싫어하므로 여름철에는 비를 맞지 않는 시원한 반그늘에서 기르고, 겨울철에는 0℃ 이상의 햇빛이 좋은 실내에서 기른다. 온도만 맞으면 연중 앙증맞은 귀여운 꽃이 피는 기르기 쉬운 식물이다. 생육이 왕성해서 크게 자라면 밑에서 바짝 잘라 다시 자라게 해주는 것이 보기에 좋다. 비료를 너무 많이 주면 꽃이 적게 피므로 밑거름만 적당하게 준다. 물빠짐이 좋은 토양에서 재배한다. 꺾꽂이나 씨앗으로 번식하는데, 꺾꽂이는 5월이 적기로 9월까지 가능하다. 깍지벌레가 발생하기 쉬우므로 주의한다.

슈가바인

학명: *Parthenocissus* 'Sugarvine'
영명: Virginia creeper
과명: 포도과 (Vitaceae)
원산지: 종간 교잡종

늘푸른 덩굴성 여러해살이 풀꽃으로 잎과 덩굴성 줄기가 아름다워 최근 소형 관엽식물로 인기가 있다. 우리나라에 자생하는 담쟁이덩굴과 같은 속의 품종 간의 교배로 네덜란드에서 육성된 품종으로 우리나라에도 품종보호 등록되어 있다. 품종명은 잎 뒷면의 수액에서 약간의 단맛이 난다고 하여 붙여졌다. 성질이 강건하여 밝은 실내에서 연중 기르기 쉬운 식물이다. 공중걸이분이나 모아심기 등에서 아이비와 유사한 용도로 이용할 수 있다. 잎은 윤기가 있는 5장의 작은 잎으로 구성된 손바닥 모양의 겹잎이고, 줄기는 가늘고 반투명하며 다른 물체를 타고 자란다.

✲ 기르기 포인트

일반적으로 햇빛을 좋아하는데 여름철에는 실외의 반나절 그늘, 겨울에는 실내의 밝은 창가에 두고 기른다. 비교적 음지와 건조, 저온에 강하여 기르기 쉽다. 생육 최적온도는 5~20℃ 정도이고 0℃ 이상에서 겨울나기가 가능하다. 여름철 더위에는 조금 약하다. 물은 배양토가 마르면 충분히 주는데, 흙이 항상 젖어 있는 것보다는 조금 말라 있는 것이 좋다. 비료는 한창 자라는 봄과 가을에 액체 비료를 가끔 준다. 밑의 잎이 떨어지면 보기에 좋지 않으므로 옮겨 심고, 과감하게 잘라 새로운 줄기를 내는 것이 좋다. 잎이 건조하면 간혹 진딧물이 발생하므로 물을 자주 분무해주는 것이 좋다. 봄, 가을철에 잎이 붙은 2~3마디의 줄기를 물에 담가 두거나 흙에 심어 꺾꽂이로 번식한다.

스위트알리섬

학명:	*Lobularis maritima*
영명:	Sweet alyssum
과명:	배추과 (Brassicaceae)
원산지:	남부 유럽, 지중해 연안

식물체의 높이는 20~30㎝ 정도이며 잎은 피침형이고 가장자리는 밋밋하다. 6월에서 10월까지 줄기 끝에 반구형의 총상화서로 향기가 있는 작은 꽃을 피운다. 꽃색은 흰색부터 적색, 핑크색, 자색 등 다양하다. 작은 꽃이 밀생하여 지표면을 덮는 모습이 아름다워서 축소정원이나 모아심기 화분의 가장자리에 주로 심는 식물이다. 원래는 여러해살이 풀꽃이지만 원예적으로는 우리나라의 겨울철 추위 또는 여름철 더위 때문에 해를 넘기기 어려워서 한해살이 풀꽃으로 취급하고 있다.

✲ 기르기 포인트

봄철 햇빛이 좋은 실외에서 기르기에 가장 좋고 여름철에 과습한 것을 싫어한다. 뿌리가 상하면 잘 자라지 못하므로 옮겨심기할 때에는 주의한다.

스케볼라 에물라

여러해살이 풀꽃으로 부채 모양의 꽃이 많이 핀다. 줄기는 자라면서 옆으로 퍼지므로 공중걸이분 등에 좋다.

학명: *Scaevola aemula*
영명: Common fanflower
과명: 구데니아과 (Goodeniaceae)
원산지: 오스트레일리아
유통명: 요정부채꽃

✻ 기르기 포인트

햇빛이 좋은 곳에서 꽃색이 좋다. 여름철 무더위에 약하므로 너무 습하지 않게 관리하고 통풍을 좋게 한다. 꽃이 오랫동안 피어 있으므로 비료를 중간에 주는 것이 좋다. 포기의 모양이 엉성해지면 바짝 잘라서 새롭게 줄기를 만들어 낸다. 겨울철에 2~3℃ 이상을 유지해야 겨울나기가 가능하다.

스키잔투스

학명: *Schizanthus* × *wisetonensis*

영명: Butterfly flower, Poor-man's orchid, Fringe flower

과명: 가지과 (Solanaceae)

원산지: 칠레

가을에 심는 한해살이 풀꽃으로 식물체의 높이는 20~30㎝ 정도이지만 50㎝까지 자라기도 한다. 잎은 깊게 갈라져 있다. 꽃의 지름은 3~4㎝ 정도로 나비와 비슷한 꽃이 포기 가득 피어 화분을 화려하게 장식한다.

✲ 기르기 포인트

서늘하고 건조한 기후를 좋아한다. 강우에는 약하므로 분에 심어 기르는 것이 일반적이다. 고온 다습을 피하고 통풍이 잘 되고 햇빛이 좋은 곳에 두고 기른다. 일반 화분에서 뿌리가 활착되면 생육이 매우 빠르므로 기르는 재미가 탁월하다. 내한성은 조금 약하므로 겨울철에는 실내에서 관리하고, 물은 줄여준다. 크기가 10㎝ 정도일 때 순지르기로 많은 측지를 만들면 탐스럽게 꽃을 피울 수 있다. 꽃색은 적색과 짙은 분홍색, 자주색 품종 등이 있는데 보통 꽃잎의 가장자리에 꽃색이 나타나고 위 꽃잎에는 노란색 바탕에 얼룩무늬가 있어 독특한 느낌을 준다. 9~10월에 종자로 번식하는데 발아 적온은 20℃ 전후이다. 건조할 때 발생하는 진딧물에 주의한다.

스킨답서스 엔조이

스킨답서스 마블퀸(Marble Queen)의 변이체로 발견된 이후 네덜란드에서 본격적으로 그 가치가 인정되어 유럽 등에서 인기가 있는 덩굴성 관엽식물로 우리나라를 포함한 여러나라에 품종보호 등록되어 있다. 경계면이 뚜렷한 잎 가장자리의 불규칙한 크림색 반점이 조화 같은 느낌과 단정한 느낌을 주어 실내에서 기르기에 알맞다.

학명: *Epipremnum aureum* 'N' Joy'
영명: 'N' Joy' golden pothos, 'N' Joy' devil's ivy
과명: 천남성과 (Araceae)
원산지: 남태평양 제도 원산 식물의 원예종

✲ 기르기 포인트

햇빛이 직접 닿지 않는 밝은 실내에서 기른다. 식물체가 작을 때는 물을 조금 적게 주어 뿌리를 튼튼하게 해주고, 자라면 물을 충분히 준다. 겨울철에는 10℃ 이상으로 유지해준다. 두 마디 정도의 줄기를 꺾꽂이하여 번식한다.

스타샤워즈 미국담쟁이덩굴

학명: *Parthenocissus quinquefolia* 'Monham' STAR SHOWERS®
영명: Virginia creeper, Woodbine
과명: 포도과 (Vitaceae)
원산지: 북아메리카

미국담쟁이덩굴의 무늬잎 품종으로 분화나 정원에 심어서 기르는 덩굴성 잎 떨기 나무이다. 잎은 다섯 장의 작은 잎으로 구성되어 있고 연노랑색의 무늬가 불규칙하게 들어가 있다. 가을철이 되면 잎이 연한 분홍빛으로 물든다.

✲ 기르기 포인트

햇빛이 충분한 곳에서 길러야 선명한 무늬를 감상할 수 있지만 햇빛이 너무 강하면 잎이 작아지므로 반그늘 정도에서 기르는 것이 좋다. 물은 토양이 말랐을 때 충분히 준다. 유기질이 많고 물빠짐이 좋은 토양에서 기른다. 줄기를 꺾꽂이하여 번식한다.

스토케시아 레비스

학명: *Stokesia laevis*
영명: Stokes aster
과명: 국화과 (Asteraceae)
원산지: 북아메리카 동남부

높이 60㎝까지 자라는 여러해살이 풀꽃이다. 로제트상으로 자라다가 줄기가 나와서 갈라진 줄기 끝에 물수레국화와 같은 두상화가 피는데 꽃색은 파란색에서 자주색, 분홍색, 흰색 등 다양하다. 설상화의 끝이 여러 갈래로 깊게 갈라져 있어 매력적이다. 개화기가 길어서 초여름부터 여름철에 걸쳐 꽃이 계속 핀다.

기르기 포인트

햇빛이 충분하고 물빠짐이 좋은 토양을 좋아하지만 반양지에서도 잘 자란다. 건조와 추위에도 강한 편이다. 봄에 포기나누기나 가을에 씨앗을 뿌려서 번식한다.

스트렙토카르푸스 히브리두스

줄기가 없이 뿌리에서 잎이 나오는 늘푸른 여러해살이 풀꽃이다. 20~30㎝ 가량의 꽃대에 통 모양의 꽃이 흰색, 빨간색, 분홍색, 자주색, 파란색, 복색 등으로 핀다.

학명: *Streptocarpus* × *hybridus*
영명: Cape primrose, Streptocarpus
과명: 제스네리아과 (Gesneriaceae)
원산지: 아프리카 원산 식물 간의 교잡종
유통명: 뉴질랜드앵초

✲ 기르기 포인트

햇빛이 직접 닿지 않는 밝은 실내의 창가에서 기른다. 더위를 싫어하므로 한여름 무더울 때는 바람이 잘 부는 시원한 곳에 둔다. 겨울철에도 10℃ 이상을 유지하고 간혹 물을 분무해준다. 토양 표면이 마르면 물을 충분히 준다. 물빠짐이 좋은 토양에 심는다. 환경만 맞는다면 연중 계속 꽃을 피운다. 포기나누기나 잎꽂이로 번식한다.

시지기움

자생지에서는 최대 10m까지 자라는 늘푸른나무이다. 잎은 긴 타원 모양으로 마주나고 광택이 있다. 유년상의 식물을 햇빛이 적은 실내에서 중형 크기의 관엽식물로 기르기에 알맞다. 성년상의 잎은 좀더 둥글고 크며 여름철 독특한 흰색의 꽃이 피었다가 식용 가능한 빨간색의 열매를 맺는다. 바닷 바람에도 강하여 따뜻한 지방에서는 생울타리로 이용할 수 있다.

학명: *Syzygium australe* (= *S. paniculatum*, *Eugenia myrtifolia*, *E. australis*)
영명: Brush cherry, Scrub cherry, Australian rose apple
과명: 도금양과 (Myrtaceae)
원산지: 오스트레일리아
유통명: 피어리스(잘못된 이름)

기르기 포인트

반양지의 물빠짐이 좋은 토양에서 잘 자란다. 미국 농무부 내한성 기준으로 9~14지역(−6.7~12.0℃)에서 겨울나기가 가능하지만 관엽식물로 실내에서 기를 때에는 10℃ 이상을 유지하는 것이 좋다. 여름철에는 물을 충분히 준다. 꺾꽂이로 번식한다.

시트루스 미르티폴리아

작은 잎과 최대 60cm까지 자라는 컴팩트한 수형으로 밝은 실내에서 기를 수 있는 늘푸른 작은 나무이다. 달콤한 꽃향기와 작은 오렌지색 열매가 겨울부터 봄에 걸쳐 오랫동안 달려있어서 관상가치가 있는 매력적인 감귤류이다. 밝은 실내에서 중대형 화분에 심어 기르기에 알맞다.

학명: *Citrus myrtifolia*
영명: Myrtle-leaf orange, Chinotto orange
과명: 운향과 (Rutaceae)
원산지: 재배종(지중해 연안, 이탈리아)

✻ 기르기 포인트

햇빛이 충분한 곳에서 잘 자란다. 토양 표면이 말랐을 때 물을 충분히 준다. 봄에서 가을에 걸쳐 한달에 한번 비료를 준다. 깍지벌레나 응애가 발생할 수 있으므로 자주 관찰하면서 잎을 닦아준다. 꺾꽂이로 번식한다.

신고난투스 크리산투스 미카도

학명: *Syngonanthus chrysanthus* 'Mikado'
영명: Mikado
과명: 곡정초과 (Eriocaulaceae)
원산지: 열대 브라질
유통명: 황금볼

늘푸른 여러해살이 풀꽃으로 우리나라에 자생하는 개수염이나 곡정초와 유사종이다. 긴 꽃대 끝에 오랫동안 흰색을 띠는 녹색의 둥근 화서가 아름다워 보통 9~12㎝의 작은 화분에 심어 기른다. 높이는 개화 시 30㎝ 전후이고 폭은 15㎝ 정도이다. 선형의 잎은 줄기 없이 로제트 모양으로 모여 나는데 길이 3~5㎝, 폭은 0.1~0.2㎝이다. 꽃은 20㎝ 전후의 긴 꽃대에 15~50개가 둥글게 모여 피어 10주 정도 계속 피어있게 된다. 1999년 네덜란드에서 개발된 품종으로 미국에는 특허 등록되었고 우리나라에도 품종보호 등록되어 있다.

✲ 기르기 포인트

밝은 간접광선이 비치는 곳에서 기른다. 최적온도는 19~22℃이지만 14~30℃에서 자란다. 늪지대 식물이므로 70% 정도의 높은 상대습도가 필요하고, 토양은 물빠짐이 좋지만 수분을 충분히 보유하고 있는 산성토양을 좋아한다. 물을 줄 때는 밑에서 충분히 주는데 밝고 따뜻한 욕실이 실내에서 기르기에 최적의 장소이다. 진딧물과 너무 습할 때의 곰팡이 피해에 주의한다. 보통 씨앗으로 번식한다.

실레네 펜둘라

▲ 품종 'Celina'

포기에서 줄기가 나와 아담한 모습으로 최대 30㎝까지 자라는 작은 한해살이 풀꽃이다. 여름철 작은 분홍색 꽃이 포기를 가득 덮듯 아름답게 피어 화단이나 화분, 공중걸이분, 암석정원에서 이용 가능하다. 꽃이 조금은 처지게 피어 자주색 줄이 있는 꽃받침이 보이는 경우가 많아 독특한 느낌을 준다.

학명: *Silene pendula*
영명: Drooping catchfly, Nodding catchfly
과명: 석죽과 (Caryophyllaceae)
원산지: 이탈리아
유통명: 주머니꽃, 장구꽃

기르기 포인트

햇빛이 잘 드는 양지 또는 반양지에서 기른다. 물빠짐이 좋은 토양에서 잘 자란다. 물은 흙 표면이 마르면 충분히 준다. 씨앗으로 번식하는데 씨앗이 저절로 떨어져서 이듬해 다시 자라기도 한다.

심포리카르포스

학명: *Symphoricarpos albus*
영명: Snowberry
과명: 인동과 (Caprifoliaceae)
원산지: 북아메리카

높이 2m 정도의 잎떨기 작은 나무로 가을철에 열리는 열매가 아름다워 자른가지나 자른꽃, 정원용 나무로 이용한다. 잎은 1.5~5㎝ 정도로 둥글고 가장자리에는 톱니가 없다. 작은 꽃은 7~9월에 연녹색에서 핑크색으로 5~15개가 모여 핀다. 1~2㎝ 정도의 열매는 9~12월까지 관상가치가 있는데 흰색(*S. albus*), 핑크색(*S. microphyllus*), 붉은색(*S. orbiculatus*), 흑자색(*S. sinensis*) 등으로 다양하다. 자생지에서는 조류의 겨울철 중요한 먹잇감이지만 인간에게는 독성이 있는 것으로 알려져 있다.

✻ 기르기 포인트

햇빛을 좋아하지만 반음지에서도 잘 자란다. 토양은 특별히 가리지 않지만 물빠짐이 좋은 토양을 좋아한다. 봄철에 전정을 하는 것이 좋고, 옮겨심기도 쉬운 편이다. 흡지가 많이 발생하여 퍼지면서 자라기 쉽다. 여름철 흰가루병이 발생하기 쉬우므로 주의한다. 씨앗은 6개월 간 습윤·저온상태에서 층적저장한 후 파종한다. 3~4월 잎이 없는 상태에서 가지를 꺾꽂이하거나 5~7월 잎이 있는 가지를 잘라서 번식한다.

아그로스템마

한두해살이 풀꽃으로 25~75㎝ 정도 자란다. 줄기는 가늘고 잎은 얇은 선형으로 조금은 회색빛을 띤다. 꽃은 직경 3㎝ 정도로 분홍빛을 띠고 봄철에서 초여름에 걸쳐 핀다. 화분이나 화단에 심을 수 있고 자른꽃으로도 이용한다.

학명: *Agrostemma githago*
영명: Corn cockle
과명: 석죽과 (Caryophyllaceae)
원산지: 지중해 연안
유통명: 선옹초, 기타고, 선홍초(잘못된 이름)

✲ 기르기 포인트

선명한 색의 꽃을 보기 위해서는 충분한 햇빛이 필요하다. 가을철에 씨앗으로 번식한다.

▶ 자른꽃으로 이용되는 모습

아글라오네마 시암오로라

학명: *Aglaonema* 'Siam Aurora'
영명: Siam aurora aglaonema
과명: 천남성과 (Araceae)
원산지: 동남아시아

실내에서 다채로운 색상을 연출하기에 좋은 관엽식물로 최근 태국에서 다양한 무늬 품종이 개발되고 있다. 높이 60㎝까지 자라며, 가장자리에 불규칙하고 선명한 빨간색 무늬가 있다.

✲ 기르기 포인트

햇빛이 적은 곳에서는 빨간 무늬가 사라지기 쉬우므로 밝은 실내에서 물가짐이 좋은 토양에 심어 기른다. 실내의 높은 습도를 좋아하므로 간혹 물을 분무해주는 것이 좋다. 15℃ 이상에서 겨울나기를 하므로 겨울철 관리에 주의한다. 꺾꽂이나 조직배양으로 번식한다.

▲ 최근 도입된 다양한 잎색을 가진 품종들

아네모넬라 오스카스코아프

높이 20㎝ 정도까지 자라는 여러해살이 풀꽃이다. 봄철 줄기 끝에 2~3㎝ 정도의 분홍색 겹꽃이 핀다. 잎은 3갈래로 얕게 갈라진 3개의 얇고 작은 잎으로 구성되어 있다. 원래 꽃잎은 없고 꽃잎처럼 보이는 것은 꽃받침잎으로 흰색이나 연녹색 품종도 있다. 조금 그늘진 암석정원이나 나무 밑, 분경에 심어 기르기에 알맞다. 우리나라에 자생하는 꿩의다리와는 다른 도입종이다.

학명: *Anemonella thalictroides* f. *rosea* 'Oscar Schoaff' (= *Thalictrum thalictroides*)
영명: Rue-anemone, Windflower
과명: 미나리아재비과 (Ranunculaceae)
원산지: 북아메리카
유통명: 겹꿩의다리, 분홍꿩의다리(잘못된 이름)

기르기 포인트

반양지에서 잘 자란다. 더위에 조금 약하므로 여름철에는 서늘한 곳에 둔다. 축축하면서 물빠짐이 좋은 토양에서 기른다. 가을에 덩이줄기의 포기를 나누거나 씨앗으로 번식한다.

아데니아 글라우카

학명: *Adenia glauca*
영명: Elephant's foot
과명: 시계꽃과 (Passifloraceae)
원산지: 남아프리카

최대 3m까지 자라는 암수딴그루 잎떨기 작은 나무이다. 관상가치가 적은 노란색 꽃이 피고 오렌지색 열매가 달리지만 작은 화분에서 기를 경우에는 거의 생기지 않는다. 다섯 갈래로 갈라진 회색빛 잎과 둥글게 부푼 줄기 기부의 모양이 독특한 느낌을 주어 화분에 심어서 기르는 다육식물이다. *Adenium* 속과 생김새가 유사하지만 전혀 다른 과에 속하는 식물이다.

기르기 포인트

햇빛이 충분하고 물빠짐이 좋은 토양에서 잘 자란다. 7~15℃ 이상에서 기른다. 잎이 떨어지면 물을 줄여 준다. 수액은 독성이 있으므로 관리할 때 주의한다. 씨앗이나 꺾꽂이로 번식한다.

아르메리아

학명:	*Armeria maritima*
영명:	Common thrift, Sea Thrift, Sea Pink
과명:	갯질경이과 (Plumbaginaceae)
원산지:	유럽, 북아메리카
유통명:	너도부추

내한성이 비교적 강한 왜성의 여러해살이 풀꽃으로 줄기는 없고 잎은 얇은 선형이다. 잎은 길이가 10㎝ 정도이며 로제트 형태로 자란다. 봄철에 직경 3㎝ 정도의 분홍색 꽃이 꽃대의 끝에 둥글게 핀다. 주로 작은 화분에 심어 감상한다.

기르기 포인트

햇빛이 충분한 곳을 좋아하지만 고온다습한 것을 싫어하므로 한여름철에는 반음지에 둔다. 물빠짐이 좋은 토양에서 기른다. 건조나 추위에 강하다. 씨앗이나 포기나누기로 번식한다.

아스테리스쿠스

꽃잎은 노란색으로 두껍고 직경은 4㎝ 정도이다. 잎은 주걱형으로 줄기에 빽빽하게 달린다. 노란색의 선명한 꽃이 인상적인 왜성식물로 높이는 30㎝ 정도, 폭은 45㎝ 정도까지 자라므로 주로 중소형 화분에 심어 봄철에 이용한다.

학명: *Asteriscus maritimus*
영명: Gold coin, Goldtaler, Mediterranean beach daisy
과명: 국화과 (Asteraceae)
원산지: 지중해 연안 및 카나리 제도

✻ 기르기 포인트

충분한 햇빛을 필요로 하고 물빠짐이 좋은 토양을 좋아한다. 물은 적당히 준다. 추위에는 비교적 약해서 0℃ 전후에서 겨울나기를 할 수 있지만 서리는 피하는 것이 좋다. 여름철의 더위와 과습을 싫어하므로 관리에 주의한다. 9~10월 씨앗이나 꺾꽂이로 번식한다.

아우브리에타

토양에 낮게 깔려 자라면서 2㎝ 정도 되는 연한 파란색의 작은 꽃이 아름다워 암석정원이나 작은 화분에 심어 기른다. 식물체의 높이는 15㎝ 내외로 줄기가 길게 자라면서 분지한다. 잎은 넓은 피침 모양으로 가장자리에는 드문드문 뭉툭한 톱니가 있다.

학명: *Aubrieta deltoidea* 'Argenteovariegata'
영명: Rock cress, Variegated aubrieta
과명: 배추과 (Brassicaceae)
원산지: 지중해 동부 연안

기르기 포인트

햇빛을 좋아하는 편이므로 양지나 반그늘에서 기른다. 고온 다습에 약하다. 통풍과 물빠짐이 잘되게 관리해야 잘 자란다. 줄기 꺾꽂이나 포기나누기, 종자로 번식 가능하다. 남부지방에서는 실외에서 겨울나기가 가능하다. 잎 가장자리에 흰색에서 연한 노란색 무늬가 들어간 품종이 주로 유통된다.

안겔로니아

학명: *Angelonia angustifolia*
영명: Summer snapdragon
과명: 현삼과 (Scrophulariaceae)
원산지: 북아메리카

식물체가 30~40㎝까지 직립해서 자라는 여러해살이 풀꽃이지만 내한성이 약하므로 한해살이 풀꽃으로 취급한다. 줄기는 분지가 잘 되고 중간 부분부터 잎겨드랑이에 계속 꽃이 달린다. 여름철에 꽃이 피며 건조와 더위에 강하고 비교적 관리가 편하여 우리나라의 여름철 화단에서 기르기에 적합하다.

기르기 포인트

충분한 햇빛을 필요로 하고 계속 꽃을 피우기 때문에 정기적으로 비료를 주는 것이 좋다. 꽃이 다 핀 후에 꽃이 피었던 줄기를 2마디 정도만 남기고 잘라주면 잎겨드랑이에서 다시 줄기가 나오면서 꽃을 피운다. 흰색에서 연보라색, 자주색, 핑크색 등 다양한 화색의 품종이 개발되었다. 봄철에 씨앗으로 번식한다.

알로카시아 마크로리조스

학명: *Alocasia macrorrhizos*
(= *Alocasia macrorrhiza*)
영명: Giant taro,
Elephant ear taro
과명: 천남성과
(Araceae)
원산지: 열대 아시아 및
개화기: 남태평양 섬

잎은 길이 1~2m, 너비 최대 1m까지 자라고, 목실화된 줄기는 1.8m까지 자라는 여러해살이 풀꽃이다. 간결하고 대담한 줄기와 잎의 선으로 열대의 정취를 느끼게 하는 데 최적이다. 자생지에서는 뿌리줄기를 식용하기 위하여 재배한다.

✲ 기르기 포인트

반그늘에서 가장 잘 자라지만 양지에서도 견딜 수 있다. 습하고 비옥한 토양을 좋아한다. 추위에는 약하여 영하로 기온이 떨어지면 잎이 손상을 받지만 −3℃ 이하로 떨어지지 않는다면 이후 따뜻해지면서 잎이 다시 나온다. 근경이나 줄기를 꺾꽂이하여 번식한다. 식물체 절단면에서 나오는 즙액은 민감한 피부에서 반응을 일으킬 수 있다.

알로카시아 아마조니카 밤비노애로우

학명: *Alocasia × amazonica* 'Bambino Arrow'
영명: African Mask, Jewel Alocasia, Alocasia Alligator
과명: 천남성과(Araceae)
원산지: *A. longiloba*와 *A. sanderiana* 간 교잡종의 품종

중소형 실내 관엽식물로 기르기에 알맞은 여러해살이 풀꽃이다. 원종보다 잎이 작고 많이 나오며 잎자루가 단단한 소형종이다.

✻ 기르기 포인트

밝은 실내에서 기른다. 실내 온도 18~22℃에서 가장 잘 자라는데 최소 15℃ 이상을 유지해 주어야 한다. 토양은 축축하게 유지되도록 자주 물을 준다. 약 60% 상대습도를 유지하는 것이 좋으므로 건조할 때는 잎에 자주 물을 분무해준다. 겨울철에는 휴면에 들어가므로 미지근한 물을 조금씩 주고 양분도 줄여준다. 포기나누기나 조직배양으로 번식한다.

▲ *A. × amazonica*

알로카시아 쿠쿨라타

높이 1m 정도까지 자라는 열대 원산의 늘푸른 여러해살이 풀꽃으로 두툼한 육질의 줄기와 뿌리줄기가 발달한다. 긴 하트 모양의 잎은 짙은 녹색으로 20㎝ 정도이다. 주로 중소형 관엽식물로 이용된다.

학명: *Alocasia cucullata*
영명: Chinese ape, Chinese taro
과명: 천남성과 (Araceae)
원산지: 열대 아시아 및 중국

✻ 기르기 포인트

햇빛을 비교적 좋아하는 편이므로 밝은 실내에서 기르는 것이 좋다. 15℃ 이상에서 겨울나기를 한다. 물을 좋아하므로 충분히 준다. 하지만 추울 때 물을 너무 많이 주면 줄기가 썩을 수 있으므로 주의한다. 실내가 건조할 때는 물을 간혹 분무해준다. 줄기꽂이나 뿌리줄기를 나누어서 번식한다.

알프스민들레

학명: *Pilosella officinarum* (= *Hieracium pilosella*)
영명: Mouse-ear hawkweed
과명: 국화과 (Asteraceae)
원산지: 시베리아 서부 및 유럽

긴 타원 모양의 잎에는 거친 털이 있으며 가장자리와 뒷면은 흰색을 띤다. 5~6월에 여러 꽃대가 올라와서 꽃대에 하나씩 노란색 꽃이 핀다. 줄기는 없고 잎은 뿌리에서 나며 땅에 바짝 붙어서 자란다. 화단에 심거나 작은 화분에 심어 기른다. 번식력이 왕성하여 야생화할 수 있으므로 제한된 곳에서만 기르도록 한다.

✻ 기르기 포인트

햇빛이 잘 드는 비교적 건조하고 서늘한 곳에서 잘 자란다. 포복경이 나와 옆으로 계속 퍼지면서 자란다. 포기를 나누거나 씨앗으로 번식한다.

알피니아 푸르푸라타

학명: *Alpinia purpurata* 'Jungle Queen'
영명: Red-ginger
과명: 생강과 (Zingiberaceae)
원산지: 열대 태평양제도
유통명: 붉은꽃생강

최대 2m까지 자라는 뿌리줄기가 발달한 여러해살이 풀꽃이다. 품종에 따라서 빨간색 또는 분홍색 덮개잎이 오랫동안 관상 가능하여 자른꽃으로 이용하기에 알맞은 식물이다. 덮개잎 사이에서 나오는 작은 흰꽃은 관상가치가 없다.

기르기 포인트

반양지나 약간의 차광이 되고 물빠짐이 좋은 조금은 습한 토양에서 잘 자란다. 미국 농무부 내한성 기준으로 9~11지역(-6.7~4.4℃)에서 겨울나기가 가능하고, 10℃ 이상은 유지되어야 계속 생육한다. 뿌리줄기를 자르거나 씨앗으로 번식한다.

암소니아 일루스트리스

늦봄에서 여름에 걸쳐 연한 보랏빛 별 모양의 꽃이 피는 여러해살이 풀꽃으로 높이는 최대 60㎝, 폭은 30㎝ 정도까지 자란다. 잎은 마주나고 버드나무 잎과 비슷하다.

학명: *Amsonia illustris*
영명: Blue star,
Blue dogbane
과명: 협죽도과
(Apocynaceae)
원산지: 북아메리카

기르기 포인트

햇빛이 충분하고 물빠짐이 좋은 조금 축축한 토양에서 잘 자란다. 햇빛이 적은 곳에서는 웃자라서 지주를 세워주어야 한다. 더위나 추위에 모두 강하여 우리나라에서 겨울나기가 가능하다. 저온처리 후 초봄에 씨앗을 뿌리거나 초여름에 줄기꽂이하여 번식한다.

압테니아 코르디폴리아

학명: *Aptenia cordifolia*
영명: Rock rose,
Baby sun rose,
Heartleaf iceplant
과명: 석류풀과
(Aizoaceae)
원산지: 남아프리카 동쪽
해안 사막지대

잎이 다육질인 늘푸른 여러해살이 풀꽃으로 송엽국이나 리빙스톤데이지와 같은 석류풀과에 속한다. 포복성으로 지면을 가득 채우면서 퍼지는데, 식물의 크기는 10~15㎝ 정도이고 5~10월에 꽃이 핀다. 8월경에 길게 자란 줄기를 다시 잘라주면 단정하게 기를 수 있다. 잎 가장자리가 흰색이어서 아름다운 원예 품종이 있다.

기르기 포인트

햇빛을 좋아하여 여름의 강한 햇빛에서도 잘 자라지만 잎이 노랗게 되므로 반그늘에서 기르는 것이 좋다. 과습을 싫어하므로 물빠짐이 좋은 토양에서 기르고 물주기에 주의한다. 성질이 강건하고 잘 자라서 관리하기 쉬우며, 겨울에는 0℃ 이상에서 겨울나기가 가능하다. 건조에 강하여 암식정원이나 공중걸이분에서 기르기에 알맞다. 꺾꽂이로 쉽게 번식할 수 있다.

▲ 품종 'Variegata'

애기금어초

학명: *Linaria maroccana*
영명: Annual toadflax, Moroccan toadflax
과명: 현삼과 (Scrophulariaceae)
원산지: 북아프리카 모로코

늦봄에서 초여름 사이에 보라색에서 오렌지, 분홍, 자주, 빨강, 노랑, 흰색 등 다양한 꽃색을 가진 꽃이 피는 한해살이 풀꽃으로 높이 50㎝까지 자란다. 봄철 가는 잎을 가진 줄기가 올라와 자라다가 끝에 수많은 작은 꽃을 계속 피운다. 앞으로 볼록나온 3장의 잎이 다른 색을 띠고 있어서 다채로운 색상으로 야생화풍의 화단을 장식하기에 좋다. 우리나라에는 근연종으로 해란초(*L. japonica*)가 있다.

✽ 기르기 포인트

충분한 햇빛과 물빠짐이 좋은 토양에서 잘 자란다. 서늘한 기후를 좋아하는 편이므로 선선한 곳에서 기르면 오랫동안 꽃을 볼수 있다. 적절한 기후에서는 저절로 씨앗이 떨어져서 다음해에 다시 꽃을 피운다. 씨앗으로 번식한다.

에란티스 히에말리스

학명: *Eranthis hyemalis*
영명: Winter aconite
과명: 미나리아재비과
(Ranunculaceae)
원산지: 유럽, 서아시아
유통명: 겨울바람꽃

이른 봄 광택이 있는 진한 노란색 꽃이 매력적인 덩이줄기를 가진 가을심기 여러해살이 풀꽃이다. 높이 15㎝, 너비 10㎝ 가량 자라는데, 낙엽이 지는 나무 밑에 심기에 알맞다. 꽃잎처럼 보이는 것은 식물학적으로 꽃받침잎이므로 수명이 길어서 오랫동안 감상할 수 있다. 우리나라에 자생하는 변산바람꽃과 너도바람꽃과는 근연종이다.

✻ 기르기 포인트

햇빛이 적게 들어오고 부엽(腐葉)이 풍부한 물빠짐이 좋은 토양에서 기른다. 추위에 매우 강하여 전국 어디에도 심을 수 있다. 더운 여름철이 되면 잎이 시들어 휴면에 들어가게 된다. 식물체의 즙액은 피부를 자극할 수 있으므로 닿지 않도록 한다. 꽃이 진 후 덩이줄기를 자르거나 가을에 씨앗을 뿌려서 번식한다.

에로디움 바리아빌레 로제움

학명: *Erodium × variabile* 'Roseum'
영명: Heron's bill, Stork's bill
과명: 쥐손이풀과 (Geraniaceae)
원산지: 유럽 남서부 지중해
유통명: 풍로초(잘못된 이름)

숙근성 여러해살이 풀꽃으로 *E. reichardii*와 *E. corsicum* 간 종간교잡종이다. 식물체의 높이는 5~8㎝이고, 포기는 15~30㎝ 정도까지 퍼진다. 꽃은 분홍색 바탕에 붉은 맥이 있어 짙은 분홍빛으로 보인다. 잎 가장자리에는 거치가 있고, 잎 전면과 줄기에 털이 무성하다. 분경이나 암석정원 등에서 기르기에 적당하다.

✻ 기르기 포인트

햇빛이 충분한 곳에서 기르는 것이 좋은데, 더울 때는 오후 햇빛을 막아주는 것이 좋다. 물빠짐이 매우 좋은 약알칼리성 토양을 좋아한다. 한여름에는 꽃이 조금은 덜 피지만 보통 봄에서 가을까지 계속 피는데, 땅을 무성히 덮을 정도로 힘차게 자란다. 더위와 추위에 강하여 연중 밖에서 기를 수 있다. 한창 잘 자라는 봄과 가을에 고형비료를 준다. 씨앗이 익자마자 파종하거나 봄철에 포기나누기 또는 여름철 줄기의 밑부분을 꺾꽂이하여 번식한다.

에리누스 알피누스

학명: *Erinus alpinus*
영명: Alpine balsam, Fairy foxglove
과명: 질경이과 (Plantaginaceae)
원산지: 북아프리카, 유럽 중남부

봄철에 분홍색의 작은 꽃이 피며 높이가 최대 15㎝ 정도 된다. 왜성의 고산식물로 다양한 품종들이 있는데, 주로 봄철에 분홍색 품종들이 유통된다. 암석정원이 적합하지만 큰 화분에 여러 식물로 심어 기르기에도 좋다.

✻ 기르기 포인트

성질이 강하고 햇빛을 매우 좋아하지만 밝은 실내 정도라면 기를 수 있다. 추위에는 매우 강하지만 더위에는 약한 편이다. 습기가 많은 것을 싫어한다. 물빠짐이 잘되는 토양을 좋아하는데 조금 알칼리성 토양인 것이 좋다. 씨앗을 뿌리거나 포기나누기로 번식한다.

에리시뭄 마르샬리

학명: *Erysimum* × *marshallii* Citrona Series
영명: Siberian wallflower
과명: 배추과 (Brassicaceae)
원산지: 재배 식물

높이 30㎝까지 자라는 여러해살이 풀꽃이지만 여름 더위에 약하여 우리나라에서는 봄의 한해살이 풀꽃으로 이용 가능하다. 노란색 또는 오렌지색 꽃이 봄철 화단을 장식하기에 좋아서 팬지와 함께 이용하면 좋다. 추위가 약한 남해안이나 제주도에서는 가을에도 이용 가능하고 겨울나기 후 봄에 꽃을 피울 수도 있다. 근연종으로 우리나라의 부지깽이나물(*E. amurense*)이 있다.

기르기 포인트

햇빛이 충분한 물빠짐이 좋은 토양에서 잘 자란다. 건조에 강한 편이다. 미국 농무부 내한성 기준으로 7~10지역(−17.8~−1.1℃)에서 겨울나기가 가능하다. 씨앗으로 번식한다.

에리시뭄 케이리

학명: *Erysimum cheiri*
영명: Aegean wallflower
과명: 배추과 (Brassicaceae)
원산지: 유럽 남부

여러해살이 풀꽃이지만 더위에 약해 꽃이 핀 후에는 말라 죽어버리므로 원예적으로는 가을뿌리기 한해살이 풀꽃으로 취급된다. 식물체의 높이는 10~50㎝ 정도이고 잎은 긴 피침형이다. 2~4월에 지름이 1.5㎝ 정도의 향기가 있는 작은 꽃이 총상화서로 줄기 끝에 핀다. 꽃색은 노란색, 오렌지색, 적색 등이 있다. 보통 화분기르기에 적당하지만 화단에 심어 기를 수도 있다.

기르기 포인트

햇빛이 잘 들고 물빠짐과 함께 보수성이 좋은 토양에서 기른다. 서늘한 기후를 좋아하고 습기에 조금은 약한 편이므로 통풍을 좋게 해준다. 추위에는 강하여 -10℃까지는 견디지만 더위에는 약하여 여름나기가 어렵다. 9~10월에 종자로 번식한다. 뿌리를 곧게 내리는 성질이 있어서 묘가 작을 때 옮겨심기를 해준다. 씨앗이 생기기 쉬우므로 꽃이 지면 즉시 잘라주는 것이 남은 꽃을 오랫동안 볼 수 있는 방법이다. 밑거름을 충분히 주고 이어짓기는 하지 않는 것이 좋다. 진딧물이 발생하므로 주의한다.

에린기움

학명: *Eryngium planum*
영명: Flat sea holly, Plains eryngo
과명: 산형화과(Apiaceae)
원산지: 유럽, 소아시아, 남북아메리카

지름 4~5㎝의 푸른색 꽃이 피는 여러해살이 풀꽃이다. 화서의 주변에는 청록색의 덮개잎이 있다. 식물체의 높이는 60~90㎝ 정도이고 잎은 장타원형으로 짙은 녹색이며 가장자리에 톱니가 있다. 화단에 심거나 자른꽃 또는 건조화로 이용된다.

✻ 기르기 포인트

햇빛이 충분하고 물빠짐이 좋은 조금은 건조한 곳에서 잘 자란다. 산성토양을 싫어하므로 심기 전에 석회 등으로 토양을 중화시켜주는 것이 좋다. 비료가 많아 너무 자라서 줄기가 쓰러지는 경우에는 지주를 세워준다. 내한성은 강하지만 여름철의 고온 다습에 약해서 진딧물이 발생하기 쉽고, 뿌리가 썩는 경우가 있으므로 주의한다. 9~10월경 씨앗을 뿌리거나 초봄이나 가을에 포기나누기로 번식할 수 있는데, 옮겨심기를 싫어하므로 주의한다.

▶ *E. oliverianum*

에스콜지아 케스피토사

학명: *Eschscholzia caespitosa*
영명: Tufted poppy, Collarless California poppy
과명: 양귀비과 (Papaveraceae)
원산지: 북아메리카 서부

한해살이 풀꽃으로 식물체의 높이는 캘리포니아포피(*E. californica*)보다 조금은 작아 10~30㎝ 정도이다. 잎은 깃털 모양으로 가늘게 갈라져 있다. 얇은 줄기가 분지하면서 4~6월 귀엽고 많은 노란색 꽃을 피운다. 봄철 다른 꽃과 함께 큰 화분에 혼식하거나 작은 화단에서 기르기에 알맞다. 꽃에는 약간의 향기가 있다.

▲ 캘리포니아포피

✲ 기르기 포인트

햇빛이 잘 들고 물빠짐이 좋은 장소를 좋아한다. 옮겨심기를 싫어하므로 9~10월경 물빠짐이 좋은 토양에 씨앗을 직접 심는다. 겨울철에는 서리를 막아주는 것이 좋다. 개화기에는 가능한 통풍이 잘 되게 관리한다. 가을에 씨앗을 심어서 번식한다.

에스키난투스 론기카울리스

길이 80㎝까지 자라는 덩굴성 여러해살이 풀꽃으로 잎 표면에 있는 진한 녹색의 무늬와 뒷면의 불규칙한 자주색 무늬가 이국적인 느낌을 주어 공중걸이분 등에 심어서 관엽식물로 기르기에 알맞다. 꽃은 녹색으로 여름철에 핀다.

학명: *Aeschynanthus longicaulis* (*= A. marmoratus)*
영명: Zebra basketvine, Tiger stripe
과명: 제스네리아과 (Gesneriaceae)
원산지: 열대 동남아시아 및 중국

✲ 기르기 포인트

햇빛이 직접 닿지 않는 밝은 실내에서 기른다.
미국 농무부 내한성 기준으로 8지역(-12.2℃)에서 겨울나기가 가능하지만, 늘 푸른 잎을 연중 관상하기 위해서는 15℃ 이상을 유지해주는 것이 좋다. 물을 좋아하므로 생장기에는 물을 충분히 준다. 줄기를 꺾꽂이하거나 포기를 나누어 번식한다.

에스키난투스 스페키오수스

자생지에서는 나무에 붙어서 줄기가 늘어지면서 자라는 착생형 늘푸른 여러해살이 풀꽃이다. 여름철 10㎝ 가량의 붉고 오렌지색을 띤 긴 꽃이 핀다. 공중걸이분에 심어서 밝은 실내의 벽면 등을 장식하기에 알맞다.

학명: *Aeschynanthus speciosus*
영명: Lipstick plant
과명: 제스네리아과 (Gesneriaceae)
원산지: 인도네시아, 밀레이시아 등

✲ 기르기 포인트

직접 햇빛이 닿지 않는 밝은 곳에서 잘 자란다. 바람이 잘 통하는 토양을 좋아하므로 물을 주면서 토양이 딱딱해지는 2~3년이 되면 분갈이를 해주어야 한다. 생육기에는 물을 충분히 주고 서늘한 겨울철에는 물을 조금씩 준다. 봄철 10㎝ 가량의 줄기를 꺾꽂이하여 번식한다.

에티오네마 그랜디플로룸

높이 20~25㎝, 너비 30~45㎝ 정도로 자라는 회녹색 선형 잎을 가진 늘푸른 여러해살이 풀꽃이다. 늦봄에서 여름에 줄기 끝에 분홍색 꽃이 총상꽃차례 모양으로 밑에서부터 위로 핀다. 암석정원이나 화단 가장자리, 분경을 장식하기에 알맞다.

학명: *Aethionema grandiflorum*
영명: Persian stonecress, Persian candytuft
과명: 배추과 (Brassicaceae)
원산지: 터키 고산지대, 이란

✲ 기르기 포인트

충분한 햇빛이 필요하고 물빠짐이 좋은 토양에서 기른다. 다습한 여름철에도 견디는 편이지만 조금 서늘한 기후를 좋아한다. 건조나 추위에 비교적 강한 편이다. 비료는 그다지 많이 필요로 하지 않는다. 씨앗으로 쉽게 번식할 수 있는데 적절한 환경에서는 씨앗이 떨어져서 싹을 틔우기도 한다.

엑사쿰, 독일제비꽃

학명: *Exacum affine*
영명: German violet, Persian violet
과명: 용담과 (Gentianaceae)
원산지: 아라비아해의 소코트라섬

식물체의 높이는 15~20㎝ 정도이다. 잎은 광택이 있고 직경 1~2㎝의 꽃은 줄기 끝에 무리지어 핀다. 여름철 보라색의 작은 꽃이 전하는 청량감을 감상하기 위하여 분화로 기르고 있다. 원래는 여러해살이 풀꽃이지만 추위에 약하므로(10℃ 이상) 보통 한해살이 풀꽃으로 취급된다. 꽃에서 바닐라향과 비슷한 향기가 난다.

▲ 품종 'Excite Gold'

기르기 포인트

햇빛을 좋아하는 편이지만 여름철에는 직사광선보다는 반음시에서 관리한다. 물빠짐이 좋은 토양에서 잘 자란다. 꽃색은 주로 보라색이지만 핑크색이나 흰색도 있고 최근 겹꽃과 반엽 품종도 개발되었다. 5월경 씨앗을 뿌려서 번식한다.

옥살리스 글라브라

높이 15㎝ 정도 자라는 작은 알뿌리 여러해살이 풀꽃으로 잎은 회색빛을 띠고, 3개의 가는 소엽이 돌려나 있으며 끝이 오목하다. 꽃은 늦가을에서 겨울에 걸쳐 피는데 진분홍 꽃잎의 안쪽은 선명한 노란색을 띤다. 꽃색은 진분홍색에서 분홍, 흰색 등이 있다. 소형 분화로 기르기에 알맞다.

학명: *Oxalis glabra*
영명: Finger leaf oxalis
과명: 괭이밥과 (Oxalidaceae)
원산지: 남아프리카, 오스트레일리아
유통명: 애기사랑초

✲ 기르기 포인트

햇빛이 잘 들고 물빠짐이 좋은 토양에서 기른다. 꽃이 피기 시작하면 유기질 입상비료를 준다. 따뜻해지는 봄철에 휴면하기 시작하므로 초여름 알뿌리를 파낸 후 가을에 씨앗을 뿌리듯이 12.5㎝ 화분에 20개 정도의 작은 알뿌리를 심는다. 화분에 그냥 놔둔 채 휴면을 하면 다음해에 잎만 무성하고 꽃이 잘 피지 않는다. 알뿌리를 나누어 번식한다.

옥살리스 아데노필라

덩이줄기를 가진 고산성 여러해살이 풀꽃으로 늦봄에서 여름에 걸쳐 향기있는 꽃이 핀다. 잎은 회녹색을 띠고 작은 잎의 가운데가 깊게 파여 있어서 인상적이다. 높이 7㎝, 너비 10㎝까지 자라는 작은 식물이어서 소형 화분에 심어 기르기에 알맞다.

학명: *Oxalis adenophylla*
영명: Silver shamrock
과명: 괭이밥과 (Oxalidaceae)
원산지: 칠레, 아르헨티나
유통명: 첫사랑

✲ 기르기 포인트

햇빛이 충분하거나 반양지를 좋아하지만, 꽃을 많이 피우기 위해서는 역시 충분한 햇빛이 필요하다. 유기물이 많고 물빠짐이 좋은 토양에서 기른다. 열매가 익자마자 서늘한 곳에 씨앗을 뿌리거나 봄철 알뿌리 나누기로 번식한다.

왁스플라워

학명: *Chamelaucium uncinatum*
영명: Geraldton wax flower
과명: 도금양과 (Myrtaceae)
원산지: 오스트레일리아 서부

2~3m까지 자라는 작은 나무로 선형의 잎은 비비면 향기가 좋다. 지름 2㎝ 정도의 꽃은 겨울에서 여름까지 핀다. 꽃색은 흰색에서 분홍색, 자주색 등이 있다. 연한 분홍빛의 품종을 자른꽃에 주로 이용한다.

기르기 포인트

햇빛이 충분하거나 반그늘에서 잘 자란다. 물빠짐이 매우 좋은 토양을 좋아하고 건조에 강하다. 일반적으로 줄기를 꺾꽂이하여 번식한다.

운남월광화

학명: *Reinwardtia indica*
영명: Yellow flax, Golden girl, Golden dollar plant
과명: 아마과 (Linaceae)
원산지: 중국 남서부, 동남아시아

높이 90㎝까지 자라는 늘푸른 작은 나무로 7℃ 이상에서는 늘푸른 작은 나무이지만, 보통 얼지 않는 곳에서 겨울나기를 한 후 초봄에 꽃을 보는 분화로 이용되고 있다. 초봄에 직경 3~5㎝ 정도의 선명한 노란색 꽃이 피는데 꽃의 수명은 짧지만 계속 꽃을 피우므로 분화로 기르기에 알맞다.

기르기 포인트

봄, 가을에는 충분히 햇빛을 주고 여름철에는 반그늘에서 기른다. 물빠짐이 좋은 토양에서 기르고 물은 토양 표면이 말랐을 때 충분히 준다. 주로 꺾꽂이나 포기나누기로 번식한다.

유리옵스 크리산테모이데스

학명: *Euryops chrysanthemoides* (= *Steirodiscus euryopoides*)
영명: African bush-daisy
과명: 국화과 (Asteraceae)
원산지: 아프리카 남부
유통명: 가물렛, 가몰레피스

최대 90㎝까지 자라는 여러해살이 풀꽃 또는 작은 나무로 진한 녹색의 잎 사이로 선명한 노란색 꽃이 피어 아름답다. 잎은 쑥갓잎 비슷하게 깃털 모양으로 갈라져 있고 줄기 끝에 뭉쳐서 달려 있다. 꽃은 줄기 끝에 달리는데 직경 5㎝ 정도 된다. 화단 가장자리나 건물벽 앞에 심어 기르는 것이 좋지만, 화분에 심어 기르기도 한다.

✻ 기르기 포인트

충분한 햇빛과 관수가 필요하지만 너무 과습한 것은 싫어한다. -12℃까지는 뿌리만 살아서 겨울나기를 하지만, 제주도 일부 지방에서는 늘푸른 상태로 겨울나기를 할 수 있다. 초봄에 꺾꽂이하거나 씨앗으로 번식한다.

▲ *E. pectinatus*

유포르비아 루코케팔라

대극과 특유의 순백색 배상화서 덮개 잎을 오랫동안 감상할 수 있어 채움식물로 기르기에 알맞은 늘푸른 작은 나무이다. 원산지에서는 2~3m까지 자라는 나무이지만, 보통 중형 화분에 심어 50㎝ 내외의 높이로 기른다.

학명: *Euphorbia leucocephala*
영명: Pascuita, Snowflake euphorbia, White-laced euphorbia
과명: 대극과 (Euphorbiaceae)
원산지: 중앙아메리카

기르기 포인트

햇빛이 충분하고 물빠짐이 좋은 토양에서 잘 자란다. 비교적 관리를 덜 필요로 한다. 줄기를 꺾꽂이하여 번식한다.

유포르비아 히페리키폴리아

▲ 품종 'Inneuphe' DIAMOND FROST®

학명: *Euphorbia hypericifolia*
(= *Chamaesyce hypericifolia*)
영명: Chickenweed,
Large spotted spurge
과명: 대극과
(Euphorbiaceae)
원산지: 아메리카 대륙

분화로 이용되고 있는 여러해살이 풀꽃으로 30~50㎝까지 자란다. 꽃잎 모양의 작은 덮개잎은 흰색 또는 분홍색으로 오랫동안 관상가치가 있다. 회색빛을 띠는 잎은 길이 2~3㎝ 정도로 긴 타원에서 타원 모양으로 마주난다. 봄부터 가을까지 꽃 피는 기간이 길고, 안개꽃을 연상시키는 작은 흰 꽃이 아름다워 다양한 용도로 사용할 수 있다.

기르기 포인트

충분한 햇빛을 받을 수 있는 곳에서 기른다. 더위와 건조에 강한 편이다. 물빠짐이 잘되는 토양을 좋아하므로, 햇빛이 적은 곳에서 토양의 물빠짐이 나쁘거나 너무 물을 많이 주면 뿌리가 썩기 쉽다. 성질이 강건하고 생육이 왕성하므로 수시로 비료를 주는 것이 좋다. 식물체를 자를 때 나오는 유액이 피부에 닿지 않도록 한다. 진딧물, 깍지벌레, 응애가 발생하기도 한다.

은쑥

▲ 품종 'Silver Mound'

학명: *Artemisia schmidtiana*
영명: Angels-hair, Wormwood
과명: 국화과 (Asteraceae)
원산지: 일본

포기에서 줄기가 많이 나오고 가늘게 갈라진 은빛을 띠는 잎이 달린다. 늦여름에 연한 노란색의 작은 꽃이 밑을 향해서 피지만 주로 잎을 관상하기 위해서 기르는 여러해살이 풀꽃이다. 화단의 가장자리나 암석정원에서 기르기에 알맞다. 우리나라의 쑥과 유사한 종류이다.

✻ 기르기 포인트

성질이 튼튼하고 내한성도 강하여 관리하기 쉽지만 고온이나 다습에는 약한 편이다. 햇빛이 잘 들고 물빠짐이 좋으며 조금은 척박한 토양에서 잘 자란다. 늦가을에 줄기를 바짝 잘라준다. 줄기를 꺾꽂이하거나 봄이나 가을에 포기나누기, 씨앗을 뿌려서 번식한다.

이레시네

▲ 품종 'Aureoreticulata'

학명: *Iresine herbstii*
영명: Beafsteak plant, Blood leaf
과명: 비름과 (Amaranthaceae)
원산지: 브라질

잎에 다채로운 색이 들어간 늘푸른 여러해살이 풀꽃으로 여름철 화단이나 분화식물로 기르기에 알맞다. 높이 최대 40㎝까지 자라고 줄기는 잘 분지하여 넓게 퍼진다. 잎색이나 모양이 다양한 품종이 있어 색상별로 조합하여 다른 식물들 사이에 심어 화려한 정원을 연출할 수 있다.

기르기 포인트

▲ 품종 'Blazin Rose'

▲ 품종 'Blazin Lime'

햇빛이 아침나절 들어오는 곳에서 기른다. 아름다운 잎색을 위해서는 햇빛이 충분해야 하는데, 햇빛이 적어서 웃자랄 때는 주기적으로 순지르기를 하여 크기를 조절한다. 온도가 15℃ 이상만 되면 연중 별다른 관리 없이 잘 자란다. 여름철에는 물을 충분히 주고 겨울철에는 줄여준다. 겨울철에는 실내에서 기른다. 줄기를 꺾꽂이하여 쉽게 번식할 수 있다.

이베리스 셈페르비렌스

늘푸른 여러해살이 풀꽃으로 취급되지만 오랫동안 기르면 작은 나무가 된다. 1㎝ 전후의 작은 꽃늘이 반구형으로 모여 무리지어 핀다. 길이는 20~30㎝로 잘 분지하여 무성해지고, 흰색 꽃이 포기 전체를 덮듯이 피어 암석정원이나 분경 소재로 이용하기에 좋다.

학명: *Iberis sempervirens*
영명: Evergreen candytuft, Edging candytuft
과명: 배추과 (Brassicaceae)
원산지: 남유럽, 서아시아, 북아프리카

✲ 기르기 포인트

햇빛이 잘 들고 물빠짐이 좋은 토양을 좋아한다. 여름철에는 서늘하고 조금 건조하게 관리하고, 겨울철에는 서리를 피하는 정도의 관리가 필요하다. 꽃이 지고 나면 줄기를 바짝 잘라주어 새로운 줄기가 나오도록 한다. 9월에 씨앗을 뿌리거나 꺾꽂이나 포기나누기로도 번식이 가능하다.

이베리스 움벨라타

▲ 품종 'Candy Mix'

높이 30~40㎝까지 자라고 초여름부터 초가을에 걸쳐 꽃이 피는 한해살이 풀꽃이다. 길이 7㎝ 정도의 잎은 긴 피침 모양이다. 줄기는 밑에서부터 갈라져서 약간은 퍼지면서 자란다. 꽃색은 분홍색에서 빨간색, 자주색 등 다양하고 4장의 꽃잎이 5㎝ 정도 되는 꽃차례 모양으로 둥글게 모여 피어 아름답다.

학명: *Iberis umbellata*
영명: Globe candytuft
과명: 배추과 (Brassicaceae)
원산지: 유럽 남부

기르기 포인트

햇빛이 많고 물빠짐이 좋은 곳에서 잘 자란다. 성질이 강하여 기르기 쉬운 편이어서 척박한 토양에서도 잘 자란다. 이른 봄 씨앗을 뿌려서 번식한다.

이소레피스

▲ 품종 'Live Wire'

학명: *Isolepis cernua*
영명: Fiberoptic grass
과명: 사초과 (Cyperaceae)
원산지: 아프리카 등 전 세계

얇고 긴 줄기 끝에 작은 은빛 꽃이 피어 마치 광섬유와 같은 느낌을 주는 여러해살이 풀꽃이다. 부드럽게 늘어지는 줄기가 아름다워 모아심기의 가장자리를 장식하기에 알맞다.

기르기 포인트

햇빛을 좋아하지만 반음지에서도 자란다. 조금 축축한 상태를 좋아하므로 물가짐이 좋은 토양에서 기른다. 내한성은 강한 편이지만 -5 ℃ 정도까지는 유지하는 것이 좋다. 겨울철 실내에서 관리할 때에는 물을 조금 적게 준다. 봄이나 초가을에 포기나누기로 번식한다.

이소토마

학명: *Isotoma axillaris*
(= *Laurentia axillaris*)
영명: Australian harebell,
Rock isotome
과명: 초롱꽃과
(Campanulaceae)
원산지: 오스트레일리아

식물체의 높이는 30㎝까지 자라서 반원형을 이룬다. 여름철에 청자색의 별과 같은 꽃이 계속 핀다. 원래는 여러해살이 풀꽃이지만 2년 째부터는 꽃이 잘 달리지 않으므로 원예적으로는 봄에 씨앗을 심는 한해살이 풀꽃으로 취급한다. 연약한 피부를 가진 경우에는 식물체의 즙액이 피부에 닿지 않도록 유의한다.

✻ 기르기 포인트

햇빛이 잘 들고 물빠짐이 좋은 토양에서 조금은 건조한 상태로 관리한다. 습한 것을 싫어하므로 여름철에 비가 닿지 않는 곳에서 화분에 심어 기르는 것이 일반적이다. 꽃이 일제히 피고 난 후 줄기를 적당히 잘라주면 다시 꽃이 맺힌다. 보통 3~4월에 종자로 번식하지만 포기나누기나 꺾꽂이 번식도 가능하다. 흰색과 핑크색 품종도 있다.

이페이온 우니플로룸

학명: *Ipheion uniflorum*
영명: Spring starflower
과명: 수선화과 (Amaryllidaceae)
원산지: 남아메리카
유통명: 향기부추, 향기별꽃, 봄별꽃, 꽃부추

가을심기 알뿌리식물로 봄철에 연한 파란색의 작은 꽃들이 무리지어 피는 모습이 아름답다. 알뿌리에서 올라온 넓은 선형의 잎은 조금 늘이지면서 퍼진다. 잎이나 비늘줄기 알뿌리에서 파와 비슷한 냄새가 난다. 흰색이나 분홍색 품종도 있다.

기르기 포인트

햇빛이 충분한 곳이나 반양지에서 잘 자란다. 고온 다습한 여름철에 알뿌리가 썩을 수 있으므로 주의한다. 추위에는 강하여 전국에서 겨울나기가 가능하다. 10월경에 화단이나 화분에 얕게 심는다. 알뿌리나누기로 번식한다.

인카빌레아 시넨시스

높이 최대 45㎝까지 자라고 깃털꼴로 2회 깊게 갈라진 잎을 가진 여러해살이 풀꽃이지만 보통 한해살이 풀꽃처럼 이용한다. 분홍색, 연노랑색 등의 꽃(길이 3㎝ 전후)이 여름철부터 가을까지 계속 핀다.

학명: *Incarvillea sinensis*
영명: Trumpet-flower, Incarvillea
과명: 능소화과 (Bignoniaceae)
원산지: 중국
유통명: 각호(한약재명)

✲ 기르기 포인트

햇빛과 물빠짐이 좋은 곳에서 잘 자란다. 낮 길이에 상관없이 꽃이 피므로 봄철 온도만 따뜻하면 일찍 꽃이 핀다. 미국 농무부 내한성 기준으로 5~7지역(-26.1~15.0℃)에서 겨울나기가 가능하다. 씨앗으로 번식한다. 중국에서는 전통적으로 한약재로 이용하였다.

좁은잎백일초

학명: *Zinnia angustifolia* (= *Z. linearis*)

영명: Narrow-leaf Zinnia, Thread leaf Zinnia

과명: 국화과 (Asteraceae)

원산지: 멕시코

멕시코 원산 국화과의 봄심기 한해살이 풀꽃이다. 7~10월에 꽃이 피고, 꽃의 수명도 매우 길어서 2주 이상 지속된다. 식물체의 높이는 30㎝ 전후로 아담하다. 여름철부터 화분이나 화단에 심으면 계속 꽃을 피워 가을철까지 꽃을 즐길 수 있다. 꽃지름이 2~3㎝로 주로 홑꽃이나 반겹꽃 품종이고, 오렌지색과 노란색, 흰색 등의 품종이 있다.

기르기 포인트

풍성한 꽃을 보기 위해서는 충분한 햇빛과 고온이 필요하다. 토질은 그다지 가리지 않지만 개화를 위해서는 유기질이 풍부한 토양이 좋다. 비료를 좋아하므로 밑거름을 충분히 주고 필요에 따라 생장기에 한 번 더 준다. 백일초에 비하여 흰가루병과 건조에도 비교적 강한 편이다. 4~5월에 씨앗을 심어서 번식한다.

▲ 백일초(*Z. elegans*)와의 종간 교잡종 Profusion 시리즈

지면패랭이

▲ 품종 'Shrimp'

높이 50㎝까지 자라는 늘푸른 여러해살이 풀꽃으로 밝은 화단의 지피식물로 기르기에 알맞다. 2㎝ 정도의 진분홍색 꽃은 5~6월 핀다.

학명: *Dianthus deltoides*
영명: Maiden pink
과명: 석죽과 (Caryophyllaceae)
원산지: 유럽 전역
유통명: 각시패랭이꽃

✻ 기르기 포인트

햇빛이 좋은 곳에서 잘 자라지만 패랭이꽃류 중에서 비교적 반음지에서도 견디는 편이다. 더위에는 조금 약하고 추위에는 강하다. 물빠짐이 좋은 토양에서 잘 자란다. 씨앗이나 포기나누기로 번식한다.

카렉스 모로위 바리에가타

뿌리에서 나온 긴 잎의 가장자리에 흰색의 띠가 있는 품종이다. 화단 가장자리나 모아심기 하기에 좋은 소재이다.

학명: *Carex morrowii* 'Variegata' (= *Carex morrowii* var. *expallida*)
영명: Japanese sedge grass
과명: 사초과 (Cyperaceae)
원산지: 일본

✲ 기르기 포인트

햇빛을 좋아하고 건조에 강하지만 햇빛이 적거나 과습한 것은 싫어한다. 연중 밖에서 기를 수 있다. 잎 가장자리가 날카로워 다룰 때 조심해야 한다. 포기나누기로 번식한다.

카렉스 시데로스틱타 바나나보트

학명: *Carex siderosticta* 'Banana Boat'
영명: Broadleaved sedge
과명: 사초과 (Cyperaceae)
원산지: 한국, 중국, 일본, 극동아시아
유통명: 황금무늬지리대사초

지피식물로 이용하기에 알맞은 잎떨기 여러해살이 풀꽃이다. 옆으로 줄기가 퍼지면서 큰 포기를 이룬다. 잎은 길이 15~20㎝ 정도이고 가운데에는 밝은 노란색 무늬가 있어서 아름답다. 우리나라에 자생하는 대사초 또는 털대사초의 원예품종이다. 주로 가장자리에 흰색 줄무늬가 들어가 있는 *C. siderosticta* 'Variegata'가 흔히 흰줄무늬지리대사초라는 이름으로 이용된다.

▲ *C. siderosticta* 'Variegata'

✻ 기르기 포인트

햇빛이 적당히 드는 반양지에서 잘 자란다. 추위에 강하여 전국 어디에서든 겨울나기가 가능하다. 물은 좋아하지만 건조에도 강한 편이고, 물빠짐이 나쁜 토양은 피한다. 초여름 포기나누기나 꺾꽂이로 번식한다.

카로미아

학명:	*Karomia tettensis* (= *Holmskioldia tettensis*)
영명:	Purple chinese hat, Tahitian hat plant, Parasol flower
과명:	꿀풀과 (Lamiaceae)
원산지:	열대 아프리카 남부

최대 3m까지 자라는 열대 늘푸른 작은 나무 또는 여러해살이 풀꽃이다. 늦여름에서 초가을에 걸쳐 3㎝ 정도 분홍색의 귀여운 꽃받침잎 가운데에서 자수색의 꽃이 나와 핀다. 꽃받침잎이 오랫동안 아름답게 유지되어 분화로 기르기에 알맞다.

기르기 포인트

햇빛을 좋아하는 편이지만 반양지에서도 잘 자란다. 미국 농무부 내한성 기준으로 10a지역(-1℃)에서 겨울나기가 가능하지만 10℃ 이상으로 관리하는 것이 좋다. 물을 충분히 주지만 항상 젖어있는 것은 좋지 않다. 꽃피기 전후로 물비료를 준다. 꺾꽂이나 휘묻이로 번식한다.

칼라디움 훔볼드티

▲ 품종 'Snow White Park'

학명: *Caladium humboldtii* 'Snow White Park'
과명: 천남성과 (Araceae)
원산지: 베네수엘라

줄기는 없고 알뿌리에서 직접 올라온 순백색의 잎은 화살촉 모양으로 4~7㎝ 정도이다. 일반 칼라디움(*C. bicolor*)과는 다른 소형종으로 중소형 화분에 심어 실내 관엽식물로 기르기에 알맞은 늘 푸른 여러해살이 풀꽃이다. 우리나라 개인육종가가 육성하여 품종보호 등록된 품종이다.

기르기 포인트

밝은 실내에서 잘 자란다. 물을 좋아하고 시원한 곳에서 잘 자란다. 겨울철이 되면 알뿌리 상태로 휴면에 들어가지만 습하고 따뜻하게 해주면 늘 푸르게 유지된다. 휴면이 들어가면 알뿌리가 썩지 않도록 건조하게 관리한다. 알뿌리나 누기나 조직배양으로 번식한다.

칼렌둘라 아르벤시스

최대 30㎝까지 자라는 한해살이 풀꽃으로 노란색 꽃이 초여름부터 가을까지 핀다. 잎은 어긋나고 피침 모양으로 가장자리에 얕은 톱니가 있다. 줄기는 옆으로 자라면서 넓게 퍼진다. 화단에서 많이 기르고 있는 금잔화(*C. officinalis*)에 비하여 기르기 쉬워서 화단에 심기에 알맞다.

학명: *Calendula arvensis*
영명: Field-marigold, Wild marigold
과명: 국화과 (Asteraceae)
원산지: 지중해 연안 및 유럽

기르기 포인트

햇빛이 충분하고 물빠짐이 좋은 비교적 척박한 토양에서 잘 자란다. 씨앗으로 번식되는데 저절로 씨앗이 떨어져 다음해에도 다시 꽃을 볼 수 있다.

칼리브라코아

학명: *Calibrachoa × hybrida*
영명: Trailing petunia
과명: 가지과(Solanaceae)
원산지: 남아메리카

여러해살이 풀꽃으로 전체적으로 크기가 작은 소륜다화성 페튜니아의 근연종이다. 염색체 수나 꽃눈의 특성, 종피, 목본성 줄기에서 차이가 있으나 학자에 따라 논란이 있어서 넓게 페튜니아의 종류로 포함시켜 분류하기도 한다. 식물체의 높이는 15~20㎝ 정도로 땅을 덮는 것처럼 옆으로 줄기가 자라면서 5~10월경 줄기 윗부분 잎겨드랑이에 2~3㎝ 정도의 꽃이 핀다. 자주색이나 적색, 핑크색, 노란색, 흰색 등의 품종이 개발되었다. 줄기가 잘 늘어지므로 공중걸이분에 심어 기르는 것이 알맞다.

✲ 기르기 포인트

햇빛이 좋은 곳에 화분을 두고 기른다. 내한성이 비교적 강하여 가벼운 서리가 내릴 정도까지는 견딘다. 일반 페튜니아보다 추위나 더위에 비교적 강한 편이다. 내서성도 강하지만 한여름철에는 꽃이 적게 달린다. 토양은 약산성으로 물빠짐이 좋아야 한다. 줄기가 잘 퍼지므로 화단의 경우 30㎝ 정도, 화분의 경우 20㎝ 정도 간격을 두고 심는다. 꽃이 적게 달리기 시작하면 줄기를 1/3 정도 남겨두고 바짝 잘라준다. 비료를 좋아하므로 2주 간격으로 액비를 준다. 질소비료가 너무 많으면 꽃이 적게 달리므로 주의한다. 철분 부족이나 토양의 산도가 중성에서 알칼리성일 때에는 새순이 노랗게 된다. 건조할 경우에는 진딧물이 발생할 수 있다. 흰가루병에 조금은 약한 편이다. 꺾꽂이로 번식한다.

칼리안드라

늘푸른 작은 나무로 최대 2m까지 자란다. 잎은 미주니고 3개의 작은 잎을 가진 복엽으로 수면운동을 하여 밤에는 접혀져서 흥미롭다. 꽃은 여름철 자귀나무처럼 둥글게 모여 피는데 붉은 수술대가 아름답다. 지름 5~6㎝의 붉은 꽃이 밝은 색의 잎과 대조를 이루어 아름답다.

학명: *Calliandra emarginata*
영명: Powder puff
과명: 콩과 (Fabaceae)
원산지: 멕시코, 파나마

기르기 포인트

충분한 햇빛과 적절한 수분만 있으면 잘 자란다. 충분한 햇빛에서 생육이 왕성하고 꽃도 잘 피지만, 어느 정도의 음지에서도 견딜 수 있다. 조금은 축축하면서도 물빠짐이 좋은 토양에서 잘 자란다. 겨울철에는 -1℃까지도 견디지만 보통 화분 상태에서는 15℃ 정도에서 물을 줄이면서 겨울나기를 한다. 보통 종자로 번식하지만 약간 여물거나 완전히 여문 가지를 꺾꽂이하는 것도 가능하다. 종자는 봄철에 20℃ 전후에서 파종하면 쉽게 발아한다. 종자를 채취할 때 콩깍지가 성숙하면 터지기 쉬우므로 완숙되기 전에 채취하여 종자를 얻는다. 일반적으로 봄에서 여름에 걸쳐 약간 여문 가지를 잘라 꺾꽂이 한다.

칼리카르파 보디니에리 기랄디 프로퓨젼

최대 3m까지 자라는 잎떨기 작은 나무로서 여름 잎 겨드랑이에 연분홍의 꽃이 반원형으로 무리지어 핀 후 보라색 열매가 맺혀 아름답다. 화분이나 정원에 심어서 아름다운 열매를 감상하기에 알맞다. 열매가 아름다운 미국낙상홍(빨간색)이나 피라칸사(오렌지색)와 어울려 심는 것도 좋다.

학명: *Callicarpa bodinieri* var. *giraldii* 'Profusion'
영명: 'Profusion' Beautyberry
과명: 꿀풀과 (Lamiaceae)
원산지: 중국
유통명: 하늘진주, 천진주

기르기 포인트

햇빛이 충분하고 물빠짐이 좋은 토양에서 잘 자란다. 추위에는 강한 편으로 미국 농무부 내한성 기준으로 6a~9b지역(−23.3~−3.9℃)에서 겨울나기가 가능하다. 정원에서는 이른 봄 줄기의 2/3 부분에서 잘라 새롭게 힘찬 줄기를 계속 만들어 주는 것이 좋다. 줄기를 꺾꽂이하거나 씨앗을 뿌려서 번식한다.

캥거루포

여러해살이 풀꽃으로 여섯 살래로 길라진 통 모양의 꽃이 캥거루의 앞다리와 유사하여 "캥거루의 발"이라는 영명이 붙었다. 꽃은 작은 털로 덮여 있다. 꽃색은 노란색, 빨간색, 오렌지색, 분홍색 등 다양하고, 크기도 자른꽃으로 이용될만큼 큰 것에서 분화용의 작은 품종까지 다양하다.

학명: *Anigozanthos* spp.
영명: Kangaroo-paw
과명: 지모과 (Haemodoraceae)
원산지: 오스트레일리아

기르기 포인트

햇빛이 잘 들고 물빠짐이 좋은 토양에서 기른다. 포기나누기와 씨앗으로 번식한다. 어느 정도의 내한성이 있어서 남부지방에서는 잎이 시든 채 밖에서도 겨울나기를 할 수 있다.

케라스티움 토멘토숨

학명: *Cerastium tomentosum*
영명: Snow-in-summer
과명: 석죽과 (Caryophyllaceae)
원산지: 유럽 남부와 서아시아

높이가 최대 30㎝까지 자라는 여러해살이 풀꽃으로 지하경을 뻗으면서 옆으로 잘 퍼진다. 5~6월에 흰색 꽃이 무리지어 피기 때문에 snow-in-summer라는 영명을 가지고 있다. 전체적으로 흰색 털이 덮여 있는 포기에서 다섯 장의 꽃잎을 가진 꽃이 한꺼번에 핀다. 은빛이 도는 잎도 아름다워 지피식물로 기르기에 알맞다. 바위벽이나 가파르게 경사진 양지바른 곳에서도 잘 자라기 때문에 잔디 대용으로 심을 수 있고 암석정원에도 적합하다.

기르기 포인트

햇빛이 잘 들고 물빠짐이 좋은 모래 토질에서 잘 자란다. 건조에는 강하지만 과습에는 약하므로 여름철에 주의한다. 양분이 적은 토양에서 잘 자라고 잎색도 보기 좋다. 가을에 씨앗을 뿌리거나 포기나누기, 봄 또는 가을에 꺾꽂이로 번식한다.

케팔로필룸 알스토니

줄기가 옆으로 퍼져 자라는 다육성 여러해살이 풀꽃이다. 주로 화분에 심어 진한 빨간색의 매력적인 꽃을 감상하지만, 제주지역에서는 정원에서 겨울나기가 가능하므로 물빠짐이 좋은 정원에서도 기를 수 있다. 잎은 가로 자른 면이 삼각형으로 6~12㎝ 정도이다. 꽃은 주로 낮 길이가 짧은 겨울철에서 초봄에 핀다.

학명: *Cephalophyllum alstonii*
영명: Red spike iceplant, Lipstick iceplant
과명: 석류풀과 (Aizoaceae)
원산지: 남아프리카공화국
유통명: 신월(잘못된 이름), 욱봉(일본명)

✲ 기르기 포인트

햇빛이 잘 들고 물빠짐이 매우 좋은 토양에서 기른다. 줄기나 잎을 잘라 하루 정도 음지에서 말린 후 꺾꽂이하거나 씨앗을 뿌려서 번식한다.

켄트라테룸

최대 50㎝까지 자라는 여러해살이 풀꽃 또는 작은 나무이다. 딸기 잎과 같이 가장자리에 깊은 톱니가 있고, 여름철에 피는 꽃은 연한 보라색으로 엉겅퀴와 비슷하다. 잎을 만지면 사과향이 나서 허브식물로 취급하기도 한다.

학명: *Centratherum punctatum* (= *C. intermedium*)
영명: Brazilian buttons
과명: 국화과(Asteraceae)
원산지: 열대아메리카, 오스트레일리아, 필리핀
유통명: 나무엉겅퀴

✻ 기르기 포인트

햇빛이 충분하고 물빠짐이 좋은 토양에서 기른다. 추위에는 비교적 강하지만 서리를 맞지 않도록 관리한다. 남부지방이나 제주도에서는 겨울나기가 가능하다. 씨앗이나 포기나누기로 번식할 수 있다.

코레옵시스 베르티킬라타

▲ 품종 'Zagreb'

학명: *Coreopsis verticillata*
영명: Threadleaf coreopsis, Tickseed
과명: 국화과 (Asteraceae)
원산지: 북아메리카
유통명: 코레옵시스

최대 60㎝까지 자라는 숙근성 여러해살이 풀꽃으로 초여름에서 가을까지 꽃이 핀다. 주변에서 널리 심고 있는 금계국(*C. lanceolata*)과 기생초(*C. tinctoria*)의 근연종이다. 개화기가 길어서 여름철 숙근초 정원을 만드는 데 이상적이다. 자른꽃으로도 이용할 수 있다.

기르기 포인트

식물체가 강건하여 기르기 쉽다. 충분한 햇빛이 있는 곳에서 잘 자라지만 반양지에서도 기를 수 있다. 물빠짐이 좋은 토양에서 기른다. 꽃이 진 후 바짝 잘라주어 새로운 잎이 나오게 해준다. 포기나누기로 번식한다. 대표적인 품종으로 'Zagreb', 'Moonbeam', 'Sunbeam' 등이 있다.

코프로스마

학명: *Coprosma repens* 'Evening Glow'
영명: Mirror plant, Looking-glass-plant
과명: 꼭두서니과 (Rubiaceae)
원산지: 뉴질랜드 및 오스트레일리아

광택 있는 다양한 무늬잎이 아름다워 화분에 심고 있는 늘푸른 작은 나무이다. 잎의 가운데에 불규칙하게 연두색 무늬가 들어가 있고 가을이 되면 밝은 오렌지색을 띠어 아름답다. 꽃은 관상가치가 없다. 최대 1m까지 자라는데 가지치기를 하지 않으면 원추형으로 모양을 갖춘다.

✻ 기르기 포인트

충분한 햇빛과 물빠짐이 좋은 토양에서 잘 자란다. 나이가 들면 건조에도 잘 견디지만 어린 묘에서는 토양이 말랐을 때 물을 충분히 준다. 염해에 강해서 제주도에서는 해안가의 지피식물로 이용 가능하다. 꺾꽂이로 번식한다.

▲ *C. repens* 'Beatson's Gold'

▲ *C. repens* 'Copper Shine'

▲ *C.* × *kirkii* 'Variegata'

콘볼불루스 사바티우스

높이 15㎝, 옆으로는 50㎝까지 퍼지는 늘푸른 덩굴성 여러해살이 풀꽃으로 여름철 화단이나 화분에 심기에 알맞다. 공중걸이분에 이용하거나 암석정원에 심는 것도 좋다. 3~5월에 씨앗을 심어 7~10월까지 꽃이 핀다.

학명: *Convolvulus sabatius* (= *C. mauritanicus*)
영명: Blue rock bindweed, Ground blue convolvulus
과명: 메꽃과 (Convolvulaceae)
원산지: 지중해 연안 북아프리카, 이탈리아

✻ 기르기 포인트

식물체가 강건하여 기르기 쉽다. 햇빛이 좋고 물빠짐이 좋은 곳에서 기른다. 최저온도 -4℃ 추위에서는 겨울나기가 가능하다. 꺾꽂이나 씨앗으로 번식한다.

쿠션부시

은백색의 가늘고 독특한 줄기와 잎을 가진 식물로 구형의 모양이 아름다워 화단이나 모아심기의 가장자리를 장식하기에 알맞다. 잎은 매우 작은 피침형으로 은백색이다. 줄기도 같은 은백색으로 잘 분지한다.

학명: *Leucophyta brownii*
(= *Calocephalus brownii*)
영명: Cushionbush
과명: 국화과
(Asteraceae)
원산지: 오스트레일리아

기르기 포인트

햇빛을 좋아하고 따뜻하고 조금은 건조한 환경에서 잘 자란다. 다습을 싫어하므로 물빠짐이 좋은 토양에 심는다. 겨울에는 실내에 두고 건조하게 겨울나기를 한다. 꺾꽂이로 쉽게 번식할 수 있다.

크라스페디아 글로보사

학명: *Craspedia globosa*
영명: Yellow ball
과명: 국화과 (Asteraceae)
원산지: 오스트레일리아
유통명: 골든볼, 골드스틱, 드럼스틱

건조한 초원지대에 자생하는 한해살이 풀꽃으로 얇고 단단한 줄기 끝에 공 모양의 통상화로만 구성된 2~2.5㎝의 두상화서가 핀다. 잎 없이 피는 특이한 꽃 모양 때문에 조형적 요소로 사용되는 경우가 많다. 물올림이 특별히 필요 없이 그냥 두기만 해도 건조화가 된다. 물에 담그면 꽃가루가 터져서 꽃이 지저분해질 수 있다.

크로웨아

높이가 70~100㎝까지 자라는 늘푸른 작은 나무이다. 잎은 피침형이고 잎겨드랑이에서 진한 분홍색 꽃이 피는데, 꽃잎은 3㎝ 정도로 왁스층이 발달해 있고 두꺼운 편이다.

학명: *Crowea saligna*
영명: Willow-leaved crowea
과명: 운향과 (Rutaceae)
원산지: 오스트레일리아
유통명: 사상크로스

✻ 기르기 포인트

햇빛을 좋아하는 편이지만 여름철에는 햇빛이 직접 닿지 않는 곳에서 기른다. 물빠짐이 좋은 토양을 좋아하고 물은 조금 많이 주는 것이 좋다. 병충해는 거의 없지만 간혹 깍지벌레나 그을음병이 생긴다. 6~7월경 꺾꽂이로 번식한다.

크로코스미아

학명: *Crocosmia × crocusmiiflora*
영명: Crocosmia, Montbretia
과명: 붓꽃과 (Iridaceae)
원산지: 남아프리카

우리나라의 남부지방에서 화단용 알뿌리풀꽃으로 재배되거나 겨울나기를 하여 야생하기도 하고, 일부 품종은 자른꽃으로 기르고 있다. 높이는 70~100㎝이고, 잎은 60~70㎝ 정도의 칼 모양인데 개화기에는 조금은 아래로 처져서 포기 전체가 분수 모양을 이룬다. 7월부터 여름철에 걸쳐 짙은 오렌지색 또는 붉은색 꽃이 밑을 향해 피는데 꽃대에서 3~5개의 이삭꽃차례가 나와 각각에 직경 5㎝ 정도의 꽃이 10~20개 달린다. 노지에서 꽃은 한달 이상 계속 피고, 자른꽃으로 이용할 때는 꽃봉오리의 색이 보일 때 수확하면 7~10일 정도 수명이 유지된다.

▲ *Crocosmia* 'Lucifer'

✲ 기르기 포인트

4월경 직경 2.5㎝ 크기의 알뿌리를 5㎝ 전후의 깊이로 심는다. 빛이 충분한 곳이나 반음지의 조건이 알맞고, 물빠짐이 좋은 비옥한 토양을 좋아하지만 척박한 곳에서 잘 견디면서 자란다. 꽃이 진 후 비료를 주면 다음해 꽃이 충실해진다. 알뿌리가 너무 자라면 꽃이 제대로 피지 않으므로 3~4년에 한 번씩 포복경처럼 뻗어나가는 알뿌리를 잘라 포기를 나누어 번식시킨다.

크리소고눔 비르기니아눔

높이 20㎝까지 자라는 여러해살이 풀꽃으로 지하경이 옆으로 퍼지면서 자란다. 단정한 노란꽃이 아름다워 화단의 가장자리를 장식하거나 작은 화분에 심어 기르기에 알맞다. 5~6월 노란색 별 모양의 꽃이 피는데 설상화는 5개이고 꽃잎 끝이 3갈래로 얕게 갈라진다. 잎은 긴 달걀 모양으로 가장자리에 굵은 톱니가 있고 잎맥을 따라 파여 있다.

학명: *Chrysogonum virginianum*
영명: Green and gold
과명: 국화과 (Asteraceae)
원산지: 북아메리카 동부
유통명: 오공국화

✻ 기르기 포인트

햇빛이 충분하고 물빠짐이 좋은 곳에서 잘 자란다. 심을 때 밑거름을 충분히 준다. 봄에 포기를 나누거나 씨앗이 익으면 즉시 뿌려서 번식한다.

크리소케팔룸

▲ 품종 'Silver and Gold'

높이 30㎝, 너비 80㎝까지 자라는 늘푸른 여러해살이 풀꽃 또는 작은 나무이다. 줄기 끝에 0.6㎝의 작은 노란색 통꽃무리를 봄부터 가을까지 피운다. 잎은 털이 무성하여 회색빛을 띤다.

학명: *Chrysocephalum apiculatum* (= *Helichrysum apiculatum*)
영명: Common everlasting, Yellow buttons
과명: 국화과 (Asteraceae)
원산지: 오스트레일리아

✻ 기르기 포인트

햇빛이 잘 드는 물빠짐이 좋은 곳에서 기른다. 건조한 것을 좋아하므로 물은 토양이 충분히 마른 후 준다. 더위에 강하고 추위에도 강한 편이지만 서리를 맞지 않는 것이 좋다. 암석정원이나 모아심기의 가장자리를 채우기에 알맞다. 씨앗으로 번식한다.

크립탄투스 비비타투스

▲ 품종 'Pink Starlite'

학명:	*Cryptanthus bivittatus*
영명:	Earth star, Starfish plant
과명:	파인애플과 (Bromeliaceae)
원산지:	브라질 동부 건조한 산림

잎 가장자리에 얇은 물결과 톱니가 있고, 잎이 조금은 밑으로 처지면서 최대 직경 30㎝까지 로제트 모양으로 자라는 늘푸른 여러해살이 풀꽃이다. 잎 무늬가 다양한 많은 품종이 있다. 주로 실내장식이나 테라리움, 접시정원 등에 이용한다.

✻ 기르기 포인트

햇빛은 반그늘이 알맞고 음지에서도 견딜 수 있으나 잎 전체의 빨간색이 없어지게 된다. 따뜻한 환경을 좋아하고, 온도가 영하로 떨어지지 않으면 겨울나기가 가능하다. 건조에 조금은 견딜 수 있지만 물을 충분히 주는 것이 최적의 생장을 위해서 좋다. 포기가 자라면서 잎 사이에서 나오는 작은 식물체를 떼어내어 번식한다.

크산토소마 사기티폴리움

▲ 품종 'Lime Zinger'

학명: *Xanthosoma sagittifolium*
영명: Xanthosoma
과명: 천남성과 (Araceae)
원산지: 열대 아메리카

최대 1.5m까지 자라는 늘푸른 여러해살이 풀꽃이다. 길이 최대 45cm 정도인 큼지막한 화살촉 모양의 연녹색 잎이 매력적이어서 밝은 실내의 관엽식물로 큰 화분에 단독 또는 모아심기로 기르기에 알맞다.

✻ 기르기 포인트

햇빛이 너무 강하면 잎이 탈 수 있고 너무 약하면 녹색으로 변하여 매력이 떨어지므로 적당한 빛을 주어야 한다. 미국 농무부 내한성 기준으로 8~10지역(-12.2~1.7℃)에서 겨울나기가 가능하다. 물을 좋아하므로 여름철 다습한 환경에서도 잘 자란다. 뿌리줄기를 칸나처럼 겨울철 서늘하고 건조한 곳에 저장하였다가 늦서리가 끝나면 심어 기른다. 다른 천남성과 식물처럼 식물체 내에 칼슘옥살레이트 결정체가 있으므로 즙액이 피부에 닿거나 먹지 말아야 한다. 뿌리줄기를 잘라서 번식한다.

클레로덴드룸 분게이

학명:	*Clerodendrum bungei*
영명:	Glory flower
과명:	마편초과 (Verbenaceae)
원산지:	중국 남부, 타이완, 베트남
유통명:	수정목, 자수정, 꽃누리장나무

기후에 따라 늘푸른 또는 잎떨기 작은 나무로 최대 2m까지 자란다. 잎은 하트 모양으로 가장자리에 거친 톱니가 있고 냄새가 난다. 늦여름에서 초가을에 향기가 있는 반원형의 분홍색 꽃이 핀다.

기르기 포인트

햇빛이 충분한 곳에서 잘 자라지만 반그늘에서도 견딘다. 최저온도 −12.2℃에서 겨울나기가 가능하므로 남부지방에서는 정원에 심어 기를 수 있다. 꺾꽂이나 포기나누기로 번식한다.

클레마티스 페트리에이

4~6월에 향기가 있고 연한 녹색의 꽃이 피는 늘푸른 덩굴식물로 최대 2m까지 자란다. 공중걸이분이나 분경으로 기르기에 알맞다.

학명: *Clematis petriei*
영명: Evergreen clematis
과명: 미나리아재비과 (Ranunculaceae)
원산지: 뉴질랜드
유통명: 상록클레마티스

기르기 포인트

햇빛이 잘 드는 물빠짐이 좋은 토양에서 기른다. 뿌리가 깊게 내리므로 어느 정도 높이가 있는 화분에 심어서 기른다. 건조에 조금은 강한 편으로 토양이 어느 정도 마르면 물을 충분히 준다. 추위에도 강하여 따뜻한 남부지방에서는 실외에서 겨울나기가 가능하다. 봄이나 가을에 꺾꽂이나 포기나누기로 번식한다.

클루시아 로세아 프린세스

학명: *Clusia rosea* 'Princess'
영명: Clusia, Pitch apple, Autograph tree
과명: 물레나물과 (Clusiaceae)
원산지: 남아메리카
유통명: 크루시아

자생지에서는 7m 이상 자라는 늘푸른 나무이다. 짙푸른색으로 마주나는 둥글고 단정한 잎이 아름다워 화분에 심어 실내 관엽식물로 이용하기에 좋다. 화단에 심을 경우 여름철에 7㎝ 정도의 분홍빛 흰색 꽃이 피지만 실내에서는 꽃이 거의 피지 않는다.

기르기 포인트

햇빛이 충분한 곳이나 반그늘에서 잘 자란다. 건조나 염 등에 강하다. 봄이나 가을에는 토양 표면이 충분히 마르면 물을 주고, 겨울철에는 마른 후 2~5일 경과 후 물을 준다. 0℃ 이상에서 겨울나기가 가능하다. 꺾꽂이나 씨앗으로 번식한다.

키르탄투스 마케니

알뿌리에서 나온 잎에서 올라온 긴 꽃대 끝에 7~12개 정도의 향기 있는 꽃이 피는 여러해살이 알뿌리식물이다. 다양한 꽃색의 원예종이 개발되었다.

학명: *Cyrtanthus mackenii*
영명: Ifafa lily
과명: 수선화과 (Amaryllidaceae)
원산지: 남아프리카

기르기 포인트

아침 햇살이 들어오는 정도의 반음지에서 잘 자란다. 양분이 많은 토양에 알뿌리가 살짝 노출되도록 심는다. 심은 후 일단 한번 물을 준 후 뿌리가 내릴 때까지는 물을 적게 주고 이후 화분이 말랐을 때 위에서 충분히 준다. 건조에 강하므로 조금은 건조하게 관리한다. 최저온도 -6℃까지는 겨울나기가 가능한 것으로 알려져 있으므로 아파트 베란다 등에서 화분으로 겨울나기가 가능하다. 여름철에는 반휴면 상태이므로 잎이 시들기 시작하면 물을 줄여준다. 알뿌리를 나누어 번식한다.

키티수스 스파키아누스

학명: *Cytisus × spachianus*
원산지: 아프리카 북서부 카나리아제도
유통명: 금작화, 양골담초, 향기싸리(잘못된 이름), 에니시다(일본명)

일반적으로는 30~40㎝ 정도 크기의 화분으로 판매되지만 1m 가까이 자라기도 한다. 잎은 3개의 작은 잎으로 구성되어 있고, 가지는 녹색을 띤다. 4~5월 올해 나온 가지 끝에 이삭꽃차례 형태로 선명한 노란색 꽃이 핀다. 서양골담초나 양골담초 또는 금작아, 금작지, 금작화로도 불리는 것은 *C. scoparius*종으로 내한성이 강하고 키가 3m까지 자라는 다른 식물이다.

기르기 포인트

성질은 비교적 강건한 편으로 0℃ 정도에서도 겨울나기가 가능하다. 물빠짐이 좋은 토양에 심어 햇빛이 잘 드는 곳에서 기른다. 고온 다습을 싫어하므로 분화의 경우에는 장마철 및 여름철에는 통풍이 잘 되는 시원한 곳에서 기른다. 정원에 심으면 2m까지 자라기도 한다. 주로 분화로 기르지만 일부 남부 해안 지방이나 제주도에서는 화단에서 겨울나기가 가능하다. 원산지가 지중해성 기후이므로 우리나라 기후에는 맞지 않는 편이어서 갑자기 시들어서 죽는 경우가 있다. 보통 꺾꽂이로 번식한다.

킴발라리아

높이 15㎝까지 자라고, 옆으로는 1m까지 뻗어 나가는 덩굴성 여러해살이 풀꽃이다. 다섯 갈래로 얕게 갈라져 있는 잎은 어긋나고 연보라빛 작은 꽃은 봄부터 초가을까지 계속 꽃이 핀다. 줄기가 옆으로 뻗어가면서 마디에서 뿌리가 나오므로 작은 공중걸이분에 심거나 바위가 있는 정원의 사이사이에 지피식물로 기르기에 알맞다. 흰색, 분홍색 꽃이 피는 품종도 있다.

학명: *Cymbalaria muralis*
영명: Coliseum-ivy, Ivy-leaf-toadflax, Kenilworth ivy
과명: 질경이과 (Plantaginaceae)
원산지: 중남부 유럽
유통명: 덩굴해란초, 애기누운주름잎

✻ 기르기 포인트

햇빛이 적당히 드는 반음지와 약간 습한 토양에서 잘 자란다. 따뜻한 지역에서는 잎이 늘 푸르게 유지되지만, 추운 곳에서는 잎이 시들었다가 이듬해 다시 나온다. 미국 농무부 내한성 기준으로 5~8지역(−28.9~−12.2℃)에서 겨울나기가 가능하다. 씨앗이나 포기나누기로 번식한다.

탈리눔 파니쿨라툼

▲ 품종 'Limon'

높이 80㎝ 정도까지 자라는 약간 다육성의 잎과 덩이뿌리를 가진 여러해살이 풀꽃이지만, 추위에는 약하므로 한해살이 풀꽃처럼 기른다. 여름철 진분홍색의 작은 꽃이 핀 후 빨간색 열매가 달린다. 형광빛 노란색 잎과 대비되는 잔잔한 빨간색 열매가 아름다워서 큰 화분에 모아심기로 기르기에 알맞다.

학명: *Talinum paniculatum*
영명: Jewels of opar, Fame flower
과명: 쇠비름과 (Portulacaceae)
원산지: 남북아메리카
유통명: 자금성, 열매안개

기르기 포인트

햇빛과 물빠짐이 좋은 곳에서 잘 자란다. 건조와 더위에 강하다. 미국 농무부 내한성 기준으로 9~11지역(-3.9~4.4℃)에서 겨울나기가 가능하다. 봄에 포기를 나누거나 씨앗을 뿌려서 번식한다. 자연적으로 씨앗이 떨어져 자랄 수도 있다. 간혹 진딧물이 발생한다.

토레니아

학명: *Torenia fournieri*
영명: Bluewings, Wishbone-flower
과명: 현삼과 (Scrophulariaceae)
원산지: 인도차이나 지역

여름에서 가을까지 꽃을 피우는 한해살이 풀꽃으로 팬지와 비슷한 느낌을 주며 30㎝까지 자란다. 더위에 강하고 성질이 강건하며, 수많은 꽃이 무리지어 피므로 여름철 화단이나 분화 또는 공중걸이분으로 이용하기에 알맞다. 꽃의 크기는 3~5㎝ 정도이고 꽃색은 연한 청색에서 분홍색, 노란색, 흰색 등 다양하다.

기르기 포인트

충분한 햇빛에서 잘 자라지만 여름철에는 바람이 잘 통하는 반양지에 둔다. 물을 좋아하고 건조에 약하므로 토양 표면이 마르면 충분히 준다. 꽃 피는 기간이 길기 때문에 심을 때 충분히 비료를 준다. 늦여름 너무 자랐을 때는 반 정도 잘라 새로운 줄기를 낸다. 보통 씨앗으로 번식한다.

토레니아 콘콜로르

학명: *Torenia concolor*
영명: Taiwan wishbone flower
과명: 현삼과 (Scrophulariaceae)
원산지: 베트남, 중국 남부, 대만
유통명: 누운물봉선, 덩굴물봉선

덩굴성 여러해살이 풀꽃으로 보라색 꽃이 여름철에 계속 핀다. 소형 화분식물이나 음지에서 화단식물로 기른다.

✻ 기르기 포인트

반양지에서 잘 자라지만 햇빛이 적은 곳에서도 잘 견딘다. 물을 좋아하므로 충분히 준다. 더위에는 잘 견디지만 추위에는 약하므로 겨울철에는 실내에 두고 기른다. 줄기가 길어져서 모양이 보기 좋지 않으면 밑에서 바짝 잘라 새로운 줄기를 내서 기른다. 꺾꽂이로 번식한다.

툴바기아 비올라케아

학명: *Tulbaghia violacea* 'Variegata'
영명: Tulbaghia, Society garlic
과명: 수선화과 (Amaryllidaceae)
원산지: 남아프리카

높이 30~60㎝까지 자라는 뿌리줄기를 가진 여러해살이 풀꽃으로 30㎝ 정도인 잎은 부추잎과 비슷하다. 여름철 산형꽃차례로 연한 자주색 꽃이 피는데 주로 밤에 향기가 있다. 식물체가 상처를 입었을 때 마늘 냄새가 난다. 잎과 꽃을 샐러드에 이용하거나 잎을 으깨서 두통 해소나 곤충의 기피제로 이용할 수 있다. 허브식물로서 화분이나 화단에서 기르기에 알맞다.

✻ 기르기 포인트

햇빛이 잘 들거나 반그늘 정도의 물빠짐이 좋은 유기질이 많은 토양에서 잘 자란다. 건조에 강한 편이지만 토양이 말랐을 때 물을 주는 것이 좋다. 이듬해 봄에 씨앗을 뿌리거나 휴면기에 뿌리줄기를 잘라서 번식한다.

투피단더스

광택이 있는 진한 녹색의 손바닥 모양 겹잎이 매력적인 대형 관엽식물로 잎은 길이 20~30㎝ 정도의 소엽 5~7매로 구성되어 있다. 햇빛이 적은 곳에서도 모양이 손상되지 않고 매우 잘 견디는 장점을 활용하여 실내에서 대담한 디자인에 이용하기 알맞다. 원산지에서는 10m 이상 자라지만 보통 1~2m 내외로 기른다. 대엽홍콩(*S. actinophylla*)과 비슷하지만 좀 더 퍼지면서 자라고 밑부분에서부터 분지되며, 잎색이 진하고 광택이 강한 편이다.

학명: *Schefflera pueckleri* (= *Tupidanthus calyptrathus*)
영명: Mallet flower, Tupidanthus mallet tree
과명: 두릅나무과 (Araliaceae)
원산지: 열대 및 아열대 아시아
유통명: 대엽홍콩 (잘못된 이름)

✻ 기르기 포인트

내음성이 강하지만 밝은 실내에서 기르는 것이 가장 좋다. 봄에서 가을에는 실외에 두어 충분히 햇빛을 받게 하는 것이 좋다. 연중 20℃ 이상에서 잘 자라고 5℃ 이상에서 겨울나기를 한다. 물은 표면이 말랐을 때 충분히 준다. 너무 건조하면 깍지벌레나 응애, 진딧물이 발생하기도 하므로 가끔 분무기로 물을 뿌려준다. 봄철에 새로운 잎이 나올 때 유기질 비료를 준다. 주로 꺾꽂이로 번식한다.

트라데스칸티아 스파타케아 바리에가타

학명: *Tradescantia spathacea* 'Variegata'
영명: Variegated oyster plant, Variegated boat lily, Variegated moses-in-the-basket
과명: 닭의장풀과 (Commelinaceae)
원산지: 열대 중앙아메리카

늘푸른 여러해살이 풀꽃의 변이종으로 식물체의 높이는 30~45㎝ 정도이다. 길이 10~16㎝ 정도의 잎은 짧은 줄기에 바짝 붙어 사라 로세트 모양을 띤다. 잎의 윗면은 흰색, 녹색, 핑크색의 띠가 있어서 아름답고 잎의 아랫면은 짙은 분홍빛을 띠어 매력적이다.

기르기 포인트

비교적 기르기 쉬운 식물로 양지나 반그늘에서 잘 자란다. 음지에서는 잎색이 희미해져서 매력을 잃게 된다. 뿌리가 튼튼해지면 어느 정도 건조에도 강하지만, 일반적으로 물을 좋아하는 식물이다. 물빠짐이 좋은 유기물이 풍부한 토양을 좋아한다. 종자가 생기지 않으므로 뿌리줄기를 나누거나 포기나누기, 줄기 꺾꽂이로 번식한다. 병충해는 없는 편이다. 서늘할 때 관수량이 많으면 뿌리가 썩기 쉬우므로 유의한다. 지상부의 잎은 죽고 뿌리만 살아남아 -9℃까지 견디는 것으로 알려져 있다. 잎의 즙액에 노출되었을 때 사람에 따라서는 가려움 등의 알레르기 반응이 나타났다는 보고가 있다.

트리안, 뮬렌베키아

학명: *Muehlenbeckia complexa*
영명: Maidenhair vine, Wire vine, Wire plant
과명: 마디풀과 (Polygonaceae)
원산지: 뉴질랜드

옆으로 자라거나 벽 등을 타고 올라가는 성질이 있는 덩굴성 식물로 얇은 적갈색 줄기에 1㎝ 정도의 난형 잎이 빽빽이 달려 아름답다. 단독으로는 관엽식물로 이용 가능하지만 주로 모아심기 화분에서 가장자리의 채움꽃으로 이용된다.

✻ 기르기 포인트

반그늘 정도에서도 생육하지만 줄기가 약해지는 경우가 있으므로 가능한 햇빛이 좋은 곳에 두고 기른다. 겨울철에도 0℃까지는 문제가 없다. 표면이 말랐을 때 물을 충분히 주어 건조를 방지한다. 잎 뒷면이나 줄기 끝에 응애가 생길 수 있으므로 유의한다. 과습한 것을 싫어하므로 특히 더운 여름철에는 물주기할 때 물이 잎에 너무 닿지 않도록 유의한다. 하지만 겨울철에 기를 때는 난방으로 실내가 건조해지므로 잎에 물이 닿도록 해주는 것도 좋다.

너무 자라면 수형이 엉망이 될 수 있으므로 적당한 곳에서 잘라준다. 여름철 고온 다습에 약해져서 아래잎이 지게 되면 충분하게 솎아 주어 습해지는 것을 막아준다. 줄기 꺾꽂이나 휘묻이로 쉽게 번식시킬 수 있다.

트리폴리움 루벤스

높이 60㎝까지 자라는 여러해살이 풀꽃으로 잎은 3개의 긴 타원 모양 작은 잎으로 구성되어 있다. 줄기 끝에 이삭꽃차례 모양으로 6~7월에 진분홍에서 자주색의 꽃이 핀다. 화단에 심거나 자른꽃으로 이용한다.

학명: *Trifolium rubens*
영명: Ornamental red clover, Red feather clover
과명: 콩과 (Fabaceae)
원산지: 유럽, 서아시아
유통명: 깃털토끼풀, 루벤스토끼풀

✻ 기르기 포인트

햇빛이 충분하거나 반양지에서 잘 자란다. 뿌리가 충분히 내리면 건조에 강한 편이므로 물빠짐이 좋은 토양에서 물을 적당히 주면서 기른다. 추위에 강한 편이다. 포기나누기나 씨앗으로 번식한다.

티모필라

초여름부터 가을까지 노란 꽃이 피는 여러해살이 풀꽃이지만, 보통 한해살이 풀꽃으로 취급한다. 높이 최대 30㎝까지 자라고 실같이 얇은 잎에 향기가 있다. 키가 작고 건조에 강해서 지피식물이나 암석 정원에서 이용하기에 좋다.

학명: *Thymophylla tenuiloba*
영명: Dahlberg daisy, Golden fleece, Shooting star
과명: 국화과 (Asteraceae)
원산지: 미국 및 멕시코

기르기 포인트

충분한 햇빛과 물빠짐이 좋은 토양에서 잘 자란다. 미국 농무부 내한성 기준으로 9~10지역(-6.7~-1.1℃)에서 겨울나기가 가능하다. 건조에 강하여 뿌리가 충분히 발달되면 특별히 물을 줄 필요가 없다. 4월 중순경 씨앗을 화단에 직접 뿌려서 번식한다. 적절한 조건에서는 씨앗이 저절로 떨어져서 자란다.

틸로투스

▲ 품종 'New Joey'

학명: *Ptilotus exaltatus*
영명: Tall mulla mulla, Pussytails
과명: 비름과 (Amaranthaceae)
원산지: 오스트레일리아

긴 털이 있는 작은 꽃이 밀집해서 원뿔 모양으로 7~10㎝의 벼이삭 모양의 꽃차례를 피우는 독특한 모양의 여러해살이 풀꽃이다. 꽃차례 전체가 분홍색을 띠고 있다. 줄기는 직립하여 최대 30~45㎝까지 자란다. 잎은 약간 두껍고 넓은 피침형으로 10~20㎝ 정도이다.

✻ 기르기 포인트

충분한 햇빛이 필요하고 고온 건조에 강하지만 습기에는 약하므로 여름철에 조금은 건조하게 기른다. 아주심기를 할 때 유기질 비료를 적당히 준다. 씨앗으로 번식한다.

파르테노키수스 헨리아나

흡착근이 있는 덩굴손을 만들어서 길이 6m까지 자라는 덩굴성 여러해살이 풀꽃이다. 잎은 다섯 장의 손바닥 모양 겹잎으로 은백색의 잎맥이 아름답다. 봄철에 처음 잎이 나올 때는 고동색을 띤 녹색이었다가 점차 진한 녹색으로 변하고 잎 뒷면은 자주색을 띤다. 가을철에 밝은 오렌지색에서 진홍색으로 단풍이 든다. 모아심기 화분의 가장자리를 장식하기에 알맞은 덩굴식물이다.

학명: *Parthenocissus henryana*
영명: Silver-vein creeper, Chinese virginia creeper
과명: 포도과 (Vitaceae)
원산지: 중국
유통명: 중국담쟁이덩굴, 고려담쟁이

기르기 포인트

성질이 강건하여 건강하게 잘 자라는 편이다. 햇빛이 너무 강하면 잎색이 흐려지므로 반양지에서 기른다. 6월경 새로나온 줄기를 꺾꽂이하거나 씨앗으로도 번식할 수 있다. 추위에 강하여 전국 어디에서도 겨울을 날수 있다.

페페로미아 로툰디폴리아

높이 20㎝, 너비 50㎝ 자라는 늘푸른 덩굴성 여러해살이 풀꽃으로 관엽식물로 이용된다. 잎은 원형에 가까운 타원형이다. 꽃은 줄기 끝에 벼이삭 모양의 꽃차례로 피는데 관상가치는 없다.

학명: *Peperomia rotundifolia* (= *Peperomia nummulariifolia*)
영명: Yerba linda, Creeping peperomia
과명: 후추과 (Piperaceae)
원산지: 아프리카, 아메리카
유통명: 신홀리페페

✲ 기르기 포인트

반그늘이나 밝은 실내에서 기른다. 겨울철에는 10℃ 이상의 온도를 유지해준다. 토양이 말랐을 때 물을 충분히 주고 간혹 잎에 물을 뿌려준다. 줄기를 꺾꽂이하여 번식한다.

페페로미아 오르바

학명:	*Peperomia orba*
영명:	Teardrop peperomia
과명:	후추과 (Piperaceae)
원산지:	남아메리카
유통명:	나비페페

작은 화분에서 기르기에 알맞은 늘푸른 여러해살이 풀꽃으로 실내 관엽식물로 이용한다. 다육질의 잎은 길이 3~4㎝ 정도이고 주맥이 약간 흰색을 띤다. 줄기는 조금 퍼지는 경향이 있고 겯순에서 나온 가지는 직립성이 있다. 줄기 끝에 봉 모양의 꽃이 피지만 관상가치는 없다. 'Pixie', 'Macaroni' 등으로 유통되는 왜성 품종과 무늬 품종이 있다.

✻ 기르기 포인트

보통 밝은 실내에서 기르지만 저광도에도 잘 견디는 편이다. 겨울철에도 10℃ 이상으로 관리해야 한다. 물은 여름철에는 자주 주고 겨울철에는 미지근한 물을 적게 준다. 꺾꽂이로 번식한다.

페페로미아 페레이레

줄기에 빽빽하게 달리는 긴 선형의 다육질 잎은 안으로 말려 있다. 컴팩트한 왜성의 다육질 관엽식물로 작은 화분에서 기르기 좋다.

학명: *Peperomia ferreyrae*
영명: Happy bean plant, Happy bean peperomia
과명: 후추과 (Piperaceae)
원산지: 페루

✲ 기르기 포인트

밝은 실내에서 기른다. 여름철에는 서늘한 곳에 두고, 겨울철에는 10℃ 이상을 유지해준다. 여름과 겨울에는 물을 적게 주고 봄과 가을에는 토양 표면이 마르면 물을 충분히 준다. 꺾꽂이로 번식한다.

페페로미아 호프마니

늘푸른 덩굴성 여러해살이 풀꽃으로 작은 분화 식물로 이용된다. 육질의 잎은 타원형이고 마주나거나 돌려난다. 꽃은 줄기 끝에 봉 모양의 이삭꽃차례로 피는데 관상가치는 없다.

학명: *Peperomia hoffmannii*
과명: 후추과 (Piperaceae)
원산지: 열대 중남미
유통명: 이사벨라 페페로미아

기르기 포인트

반양지나 밝은 실내에서 기른다. 겨울철에는 온도 10℃ 이상을 유지해준다. 물은 흙이 말랐을 때 충분히 주고, 온도가 낮을 때는 물주는 양을 줄여준다. 포기를 나누거나 줄기를 꺾꽂이하여 번식한다.

펜스테몬 디기탈리스

▲ 품종 'Husker Red'

학명: *Penstemon digitalis*
영명: Foxglove beardtongue
과명: 질경이과 (Plantaginaceae)
원산지: 북아메리카

높이 70㎝ 정도까지 자라는 여러해살이 풀꽃이다. 줄기 맨 끝에 원추 모양의 꽃차례로 늦봄에서 초여름에 걸쳐 흰색 꽃이 핀다. 비교적 관리가 적은 화단에 심어 기르기에 알맞다. 진한 적자색 잎을 가진 '허스커 레드' 품종이 이용되고 있다.

기르기 포인트

햇빛이 충분한 물빠짐이 좋은 곳에서 잘 자란다. 토양 표면이 마르면 물을 준다. 고온 다습에 조금은 약한 편이어서 물빠짐이 좋지 않으면 뿌리가 썩을 수 있다. 보통 씨앗으로 번식하지만 꺾꽂이나 포기나누기도 가능하다.

펜스테몬 바르바투스

▲ 품종 'Navigator'

학명: *Penstemon barbatus*
영명: Beardlip penstemon, Bearded tongue, Scarlet bugler
과명: 질경이과 (Plantaginaceae)
원산지: 건조한 북아메리카 남부

높이 45㎝까지 자라며 늦봄에서 초여름에 걸쳐 꽃이 피는 여러해살이 풀꽃이다. 꽃색이 흰색에서 분홍색, 빨간색, 자주색 등 다양한 품종이 있다. 건조에도 강한 편이어서 암석정원을 포함한 다양한 정원의 가장자리 식재로 이용가 능하다.

기르기 포인트

햇빛이 충분한 물빠짐이 좋은 곳에서 잘 자란다. 추위에 강하여 우리나라 대부분의 지역에서 뿌리 상태로 겨울나기를 할 수 있다. 너무 습한 토양에서는 뿌리가 썩을 수 있으므로 주의한다. 꽃이 진 후에는 뿌리에서 나온 잎만 남겨두고 잘라준다. 씨앗으로 번식한다.

펜스테몬 스말리

▲ 품종 'Violet Dusk'

학명: *Penstemon smallii* 'Violet Dusk'
영명: Small's penstemon, Beardtongue
과명: 질경이과 (Plantaginaceae)
원산지: 북아메리카

높이 최대 70㎝자라는 여러해살이 풀꽃이다. 빨간빛을 띤 연보라의 꽃은 초여름부터 피어 여름철 내내 지속된다. 미국 농무부 내한성 기준으로 5~9지역(-28.9~-6.7℃)에서 겨울나기가 가능하다.

✻ 기르기 포인트

충분한 햇빛이나 반양지의 물빠짐이 좋은 토양에서 잘 자란다. 더위에 강하고 뿌리가 충분히 발달되면 건조에도 강한 편이다. 필요에 따라서 순지르기를 하여 키를 낮추어 준다. 꽃이 진 후에는 줄기를 반 정도 잘라주고, 가을이나 초봄에 바짝 잘라준다. 3~4년에 한번 정도 봄에 발달된 뿌리줄기를 잘라 포기나누기를 해준다. 씨앗이 떨어져서 번식되기도 한다.

펠리시아 아멜로이데스

최대 1m까지 자라지만 순지르기를 하면 30~40㎝ 정도로 화분이나 플랜터에 심어 기르는 여러해살이 풀꽃이다. 꽃색은 상쾌한 짙은 하늘색으로 직경 4㎝ 정도이다. 여름철을 제외한 5~10월에 감상할 수 있으며 일반적으로 봄철에 출하된다.

학명: *Felicia amelloides*
영명: Blue daisy, Blue marguerite
과명: 국화과(Asteraceae)
원산지: 남아프리카
유통명: 청하(화)국, 블루데이지

✻ 기르기 포인트

기르기 어렵다고 생각하기 쉽지만 의외로 건실하여 봄이나 가을철에는 햇빛이 충분한 곳에서 기른다. 여름에는 더위에 견디는 힘이 강하지 않아 반음지에 둔다. 내한성이 약하므로 겨울철에는 실내에서 관리한다. 꽃이 피어 있는 동안에는 조금은 건조하게 관리하는 것이 좋으며, 생육기에는 월 1회 정도 액비를 준다. 진딧물이 발생할 수 있으므로 건조에 유의한다. 흰색 품종이나 반엽 품종도 있다. 어린 줄기를 꺾꽂이하거나 종자로 번식한다.

▲ 반엽 품종
F. amelloides 'Variegata'

포르미움 테낙스

▲ 품종 'Rainbow Queen'

늘푸른 여러해살이 풀꽃으로 큰 칼 같은 긴 잎이 매력적이다. 잎에 다양한 무늬가 있는 품종들이 주로 이용되고 있다. 꽃꽂이에서 자른가지로 많이 이용되고 있으니 남부 해안가나 제주도에서는 겨울나기가 가능하다.

학명: *Phormium tenax*
영명: New Zealand flax
과명: 용설란과 (Agavaceae)
원산지: 뉴질랜드
유통명: 신서란, 잎새란, 뉴질랜드삼

✲ 기르기 포인트

충분한 햇빛과 수분을 좋아하고 물빠짐이 좋아야 잘 자란다. 여름철에 마르기 쉬운 서향에는 심지 않는 것이 좋다. 봄철에 포기나누기로 번식한다.

▶ 꽃꽂이용 자른가지로 이용되고 있는 모습

포툴라카

학명: *Portulaca* sp.
영명: Portulaca, Moss rose
과명: 쇠비름과 (Portulacaceae)
원산지: 원예 교잡종

열대에서 온대에 걸쳐 넓게 분포하는 쇠비름*(P. oleracea)*과 채송화*(P. grandiflora)* 간의 교잡종으로 알려져 있지만, 정확한 출처는 알려져 있지 않다. 고온 건조에 강하여 여름철에도 선명한 색을 가진 꽃을 계속 피운다. 개화기는 6~10월이고 꽃의 수명은 하루 정도지만 무더운 여름철에도 저녁까지 피어 있다. 높이는 15~20㎝ 정도로 줄기는 위로 직립하지 않고 지면을 타듯 옆으로 자라는 습성이 있으므로 일반 화분보다는 공중걸이분에 심는 것이 적당하다. 꽃 지름은 2~3㎝이고 화색이 풍부하여 붉은색에서 흰색, 노란색, 분홍색 등 다양한 품종이 개발되었다. 줄기 끝에서 꽃이 피면서 자라므로 필요에 따라서는 순지르기로 분지를 촉진하면 꽃 수가 많아진다.

▲ *P.* 'Hana Mysteria'

✲ 기르기 포인트

햇빛을 특히 좋아하므로 오전 중의 햇빛이 충분한 곳에서 기른다. 더위에는 매우 강하지만 추위에는 비교적 약해서 겨울철에는 최저 5℃의 건조한 상태로 관리해주어야 한다. 과습을 매우 싫어하므로 물빠짐이 좋은 토양에 심는다. 씨앗을 뿌리거나 줄기를 잘라 잠시 건조시킨 후 꺾꽂이하여 번식한다.

풍선초

원래는 2.5m까지 자라는 여러해살이 작은 나무이지만 보통 덩굴성 한해살이 풀꽃으로 기르고 있다. 꽃은 7~9월에 흰색으로 피고, 이후 연녹색의 꽈리 열매와 유사한 직경 3㎝ 정도의 열매가 맺힌다. 흥미로운 열매를 감상하기 위하여 예전부터 화단이나 화분에 심어 기르고 있다.

학명: *Cardiospermum halicacabum*
영명: Balloon vine
과명: 무환자나무과 (Sapindaceae)
원산지: 남아메리카

기르기 포인트

알맞은 초형과 열매를 보기 위해서는 충분한 햇빛이 필요하다. 4~5월에 씨앗을 심어 번식한다.

프라티아 페둔쿨라타

높이 2~3㎝ 정도의 매우 작은 덩굴성 풀꽃으로 덩굴성 줄기가 자라면서 옆으로 퍼져 암석정원이나 화단 주변 등에 심거나 작은 화분에 심어 야생화와 같은 분위기를 낼 수 있다. 4~6월경 보라색 및 흰색의 작은 별 모양 꽃이 핀다. 시중에는 흰색 품종이 많이 유통되고 있다.

학명: *Pratia pedunculata*
영명: Matted pratia
과명: 초롱꽃과 (Campanulaceae)
원산지: 오스트레일리아
유통명: 눈애기별꽃

✻ 기르기 포인트

햇빛이 잘 들고 물빠짐이 좋은 토양에서 기르는 것이 좋다. 화분으로 기를 때는 여름철은 시원하고 겨울철에는 조금은 따뜻하게 관리한다. 추위에 매우 강하여 -28℃에서 견딜 수 있다. 물은 충분히 주어 조금은 축축하게 관리한다. 포기나누기나 줄기를 꺾꽂이하여 번식한다. 식물체에 독성과 알레르기 반응물질이 있는 것으로 알려져 있다.

프리뮬라 비알리

학명: *Primula vialii*
영명: Chinese pagoda primrose, Orchid primrose
과명: 앵초과 (Primulaceae)
원산지: 중국 쓰촨 및 윈난성

긴 타원 모양의 잎이 뿌리에서 나와 자라는 여러해살이 풀꽃이다. 봄철 촛불처럼 쭉 뻗어 올라오는 꽃자례가 아름나워 화단에서 기르기에 알맞다. 꽃은 아래부터 분홍색으로 피는데, 윗부분의 피지 않은 꽃봉오리가 빨간색을 띠면서 아름답다.

✻ 기르기 포인트

한나절 정도 햇빛이 들어오는 곳에서 잘 자란다. 추위를 겪어야만 봄철에 꽃이 핀다. 비교적 서늘한 기후를 좋아하므로 여름철에는 무덥지 않게 관리한다. 물을 비교적 좋아하므로 흙을 축축하게 유지시켜 준다. 유기질이 풍부한 토양에서 잘 자란다. 씨앗으로 번식하며 이듬해 꽃을 피운다. 추위에 강하여 전국 어디에서나 겨울나기가 가능하다.

프리뮬라 케웬시스

높이 20㎝ 정도까지 자라는 여러해살이 풀꽃으로 초봄에 2~4단으로 돌려나면서 다수의 꽃이 핀다. 꽃은 선명한 노란색으로 향기가 있고 크기는 2㎝ 정도이다. 19세기말 영국 큐왕립식물원에서 *P. floribunda*와 *P. verticillata* 간 자연교잡으로 만들어진 교잡종이다.

학명: *Primula* × *kewensis*
영명: Kew primrose
과명: 앵초과 (Primulaceae)
원산지: *P. floribunda*와 *P. verticillata*간 교잡종
유통명: 노랑가고소 (잘못된 이름)

기르기 포인트

기르는 방법은 기본적으로 프리뮬러와 유사하다. 가을부터는 최저 5℃ 정도로 햇빛이 좋은 서늘한 곳에서 기르면 초봄에 꽃을 피운다. 고온 다습한 여름철 환경을 싫어하므로 햇빛이 직접 닿지 않는 서늘한 곳에서 기른다. 씨앗으로 번식한다.

프테리스 엔시포르미스

실내에서 기르기에 알맞은 늘푸른 관엽식물로 고사리류에 속하며 높이 30~60㎝ 정도까지 자란다. 잎은 깃털꼴로 갈라져 있고 안쪽에 흰색의 아름다운 무늬가 있어 관상가치가 있다. 포자엽의 경우에는 잎 열편이 가늘고 길며 위로 쭉 올라와서 관상가치가 적다.

학명: *Pteris ensiformis* 'Evergemiensis'
영명: Silver lace fern, Slender brake fern, Sword brake fern
과명: 봉의꼬리과 (Pteridaceae)
원산지: 아열대 중국, 일본, 열대 동남아시아

기르기 포인트

밝은 실내에서 기른다. 겨울철에 10℃ 이상을 유지하면 계속 잎을 관상할 수 있다. 습도를 높게 유지해준다. 토양에 물이 마르지 않도록 자주 준다. 물가짐과 물빠짐이 좋은 토양에서 잘 자란다. 포기나누기나 뿌리줄기나누기, 포자로 번식한다.

플랙트란투스 모나라벤더

학명: *Plectranthus* 'Mona Lavender'
영명: Spur flower, Mona lavender
과명: 꿀풀과 (Lamiaceae)
원산지: 남아프리카

덩굴성 여러해살이 식물 또는 작은 나무로 1990년대 후반 남아프리카 Kirstenbosch Botanical Gardens의 Roger Jaques가 교잡한 후 미국 시카고의 Ball 원예회사를 통해 대중화되어 세계적으로 유행하게 되었다. 잎은 짙은 녹색이고 밑면은 짙은 자주색으로 가장자리에 무딘 톱니 모양이 있다. 식물체의 높이는 75㎝ 정도이고, 줄기는 얇고 각이 져 있으며, 끝에 연한 보라색 통상화가 여름에서 가을에 걸쳐 계속 핀다. 무리지어 오랫동안 피는 꽃이 아름다워 여러해살이 풀꽃 정원이나 군식하여 분화로 이용하기에 좋다.

✲ 기르기 포인트

반그늘에서 잘 자라고 유기질이 풍부한 토양을 좋아하며 물을 좋아하는 편이다. 모양을 아담하게 가꾸기 위해서는 순지르기를 해주는 것이 좋다. 주로 줄기를 꺾꽂이하여 번식한다. 몇몇 정보에 따르면 종자는 맺히지 않는 경우가 많다고 한다. 특별히 심각한 병충해는 보고되지 않았다.

플랙트란투스 아르겐타투스

▲ 품종 'Silver Crest'

학명: *Plectranthus argentatus*
영명: Silver spurflower, Silver plectranthus
과명: 꿀풀과 (Lamiaceae)
원산지: 오스트레일리아

높이 1m까지 자라는 늘푸른 작은 나무로 자주색 줄기에 회색빛 털이 있는 녹색 잎이 달린다. 여름철 줄기 끝에 이삭꽃차례로 보라빛의 흰색 꽃을 피우는데 관상가치는 적다. 늘어지는 품종은 용기정원의 채움식물로 이용하기에 알맞다.

기르기 포인트

반그늘에서 잘 자라지만 햇빛이 충분한 곳에서도 잘 자란다. 더위나 건조에 강한 편이다. -3℃까지도 견디지만 10℃ 이상에서 겨울나기를 하는 것이 좋다. 물빠짐이 좋은 곳에서 기른다. 봄이나 여름철에 꺾꽂이를 하거나 포기나누기로 번식한다.

플랙트란투스 암보이니쿠스

학명: *Plectranthus amboinicus*
영명: Spanish thyme, Cuban oregano, Indian borage
과명: 꿀풀과(Lamiaceae)
원산지: 아프리카
유통명: 장미허브

최대 70㎝까지 자라는 여러해살이 풀꽃으로 오래 자라면 밑의 줄기는 목질화된다. 잎은 다육질로 가장자리에 둥근 톱니가 있다. 햇빛이 많을 때는 잎 표면에 털이 많아져서 회색빛을 띠지만, 햇빛이 적을 때는 녹색을 띤다. 잎을 비비면 민트 향기가 난다.

✻ 기르기 포인트

비교적 기르기 쉬운 식물로 햇빛을 좋아하므로 최대한 햇빛이 잘 닿는 실내에서 화분에 심어 기른다. 추위에는 비교적 약한 편으로 겨울철에도 영상의 온도에서 길러야 잎을 즐길 수 있다. 물빠짐이 좋은 토양에 심고 물은 토양이 조금 말랐을 때 충분히 준다. 겨울철에는 잎이 시들지 않을 정도로 조금만 준다. 비료는 그다지 많이 필요로 하지 않으므로 봄철에 한번 정도 준다. 연중 줄기를 꺾꽂이하여 번식할 수 있다.

플랙트란투스 오에르텐달리이

▲ 품종 'Emerald Lace'

최대 30㎝까지 자라지만 보통 옆으로 퍼지면서 자라는 늘푸른 여러해살이 풀꽃으로 진한 녹색의 둥근 잎에 흰색 줄의 무늬가 있어서 아름답다. 연한 자줏빛 꽃은 늦여름부터 계속 핀다. 지피식물이나 모아심기에 이용하기 좋다.

학명: *Plectranthus oertendahlii*
영명: Brazilian-coleus, Candle plant
과명: 꿀풀과(Lamiaceae)
원산지: 남아프리카

✻ 기르기 포인트

반양지에서 잘 자라지만 햇빛이 적어도 잘 적응한다. 물빠짐이 좋은 토양에서 기른다. 최저 -1℃까지 견디는 것으로 알려져 있다. 봄철 꺾꽂이하여 쉽게 번식시킬 수 있다.

플록스 디바리카타

연한 보라색 꽃이 피는 여러해살이 풀꽃으로 높이가 최대 50㎝까지 자라고 늦봄에 시원한 느낌을 준다. 향이 있는 한들거리는 얇은 꽃잎이 무리지어 피어 매력적이다.

학명: *Phlox divaricata*
영명: Blue phlox, Forest phlox, Woodland phlox
과명: 꽃고비과 (Polemoniaceae)
원산지: 북아메리카
유통명: 후룩스봄바람, 블루 플록스

기르기 포인트

반양지에서 잘 자라고 서늘한 기후를 좋아하므로 나무 그늘 밑에 심기에 적당하다. 내한성이 강해서 전국 어디에도 식재 가능하다. 꽃이 진 후 줄기를 반 정도 잘라주어 새로운 줄기를 내서 기른다. 초여름에 흰가루병이 발생할 수 있다.

플룸바고

조금 늘어지면서 1~3m까지 자라는 늘푸른 작은 나무이다. 길이 5㎝ 정도의 잎은 어긋나고 긴 타원 모양이며, 뒷면에는 흰색의 작은 인편이 있다. 줄기가 길게 자라다가 맨 끝에 둥근 이삭 모양의 꽃을 피워 플록스와 같은 느낌을 준다. 꽃은 지름 2~3㎝ 정도로 시원한 느낌을 주는 파란색으로 흰색 품종도 있다.

학명: *Plumbago auriculata*
영명: Cape leadwort
과명: 갯질경이과 (Plumbaginaceae)
원산지: 남아프리카
유통명: 푸른 바다

✻ 기르기 포인트

햇빛이 충분하고 물빠짐이 좋은 토양에서 잘 자라고 꽃도 잘 핀다. 저온에도 비교적 강하여 0℃ 이상에서 겨울나기를 한다. 10℃ 이상이면 연중 꽃을 볼 수 있다. 충분히 뿌리를 내리면 건조에도 비교적 강한 편이다. 필요에 따라 줄기 끝을 잘라 수형을 다듬거나 덩굴성으로 기른다. 여름철에 줄기꽂이나 씨앗으로 번식한다.

피쿠스 알티시마 바리에가타

학명: *Ficus altissima* 'Variegata' ('Aureo-variegata')
영명: Variegated council tree, False banyan, Lofty fig
과명: 뽕나무과 (Moraceae)
원산지: 열대 아시아, 중국
유통명: 무늬벵갈고무나무

밝은 실내에서 이용하기 좋은 중대형 관엽식물이다. 길이 15㎝ 정도의 크고 단정한 잎의 가장자리에 불규칙한 노란색 무늬가 들어가서 아름답다.

✻ 기르기 포인트

고무나무 종류 중에서는 햇빛을 좋아하는 편이므로 햇빛이 잘 드는 실내에 두고 물빠짐이 좋은 토양에서 기른다. 햇빛이 적은 곳에서는 잎 가장자리의 노란색 무늬가 녹색으로 변한다. 최적온도는 16~29℃이지만 5℃까지는 견딜 수 있다. 물은 토양 표면이 말랐을 때 충분히 준다. 추위나 수분스트레스로 밑의 잎이 떨어지기 쉬우므로 적절한 온도와 수분관리를 해주어야 한다. 봄과 여름철에는 액체비료를 2주에 한번 준다. 건조한 실내에서는 응애와 진딧물이 발생한다. 여름철에 줄기꽂이나 공중취목으로 번식한다.

피쿠스 움벨라타

독특한 수형과 길이 30㎝, 너비 20㎝ 정도인 심장 모양의 잎이 매력적인 대형 관엽식물이다.

학명: *Ficus umbellata*
과명: 뽕나무과 (Moraceae)
원산지: 열대 아프리카

✲ 기르기 포인트

물빠짐이 좋은 토양에 심어 햇빛이 잘 드는 실내에서 기른다. 따뜻하고 습한 조건에서 잘 자란다. 건조할 때 응애가 발생하기 쉬우므로 종종 잎에 물을 뿌려주는 것이 좋다. 최저온도는 5℃ 전후를 유지시켜 준다. 저온기에는 잎이 모두 떨어져서 휴면을 하기도 하지만 봄철에 다시 눈이 나온다. 기타 관리는 인도고무나무와 비슷하다. 여름철에 잎 1~2매를 가진 줄기를 잘라 꺾꽂이하여 번식한다. 잎이 너무 클 때에는 반 정도 잘라 꺾꽂이한다.

피키니아 트룬카타

잎은 길이 6㎝ 정도의 진한 녹색이고 가장자리는 반투명한 흰색으로 보여 아름다운 여러해살이 풀꽃이다. 실내정원의 가장자리나 소형 분화로 이용하기에 알맞다.

학명: *Ficinia truncata*
과명: 사초과 (Cyperaceae)
원산지: 남아프리카 남부
유통명: 크리스탈사초, 크리스탈그라스

✲ 기르기 포인트

양지 또는 반양지의 물빠짐이 좋은 토양에 심어서 기른다. -8℃까지는 겨울나기가 가능하다. 고온 다습을 싫어하므로 여름철에는 물을 주지 않고 휴면시킨다. 초가을에 포기나누기나 꺾꽂이로 번식한다.

피토니아

▲ 품종 'Pink Star'

학명:	*Fittonia albivernis* (= *F. verschaffeltii*)
영명:	Nerve plant
과명:	쥐꼬리망초과 (Acanthaceae)
원산지:	남아메리카 페루 열대우림

흰색 또는 빨간색의 잎맥이 매력적이고 줄기가 조금 늘어지는 늘푸른 여러해살이 풀꽃으로 관엽식물로 이용된다. 최근 잎맥 사이까지 색을 띠고 잎 가장자리에 물결이 있으며 잎 끝이 뾰속한 많은 품종들이 육성되었다.

✻ 기르기 포인트

햇빛이 직접 닿지 않는 밝은 실내에서 기른다. 온도 변화에 민감하고 온도는 최저 15℃ 이상을 유지해야 한다. 봄부터 가을까지는 공중습도를 높게 하고 물을 충분히 주지만, 겨울철 서늘한 실내에서는 미지근한 물을 적게 준다. 토양은 물빠짐이 좋은 피트에서 기르는 것이 좋다. 줄기를 꺾꽂이하여 번식한다.

▲ 다양한 잎색을 가진 품종들

핀나타 라벤더

학명: *Lavandula pinnata*
영명: Pinnate lavender, Jagged lavender
과명: 꿀풀과 (Lamiaceae)
원산지: 아프리카 카나리제도

한여름에서 초가을에 걸쳐 꽃차례의 밑에서부터 향기로운 보라색 작은 꽃이 피어 아름답다. 잎은 은빛을 띤 깃털꼴로 향기가 있다. 일단 뿌리가 충분히 발달되면 빠르게 성장하여 최대 1m까지 자라는 여러해살이 나무이지만 한해살이 식물로 이용되기도 한다.

기르기 포인트

충분한 햇빛이 필요하다. 여름철에는 서늘하게 관리한다. 처음 심었을 때는 물을 충분히 주고 이후에는 조금 건조하게 관리한다. 물빠짐이 매우 좋은 중성에서 알칼리성 토양에서 잘 자란다. 줄기가 느슨하게 자라므로 봄철에 밑에서 강하게 잘라주어 새로운 줄기가 힘차게 나오도록 해준다. 남부 해안가 일부나 제주도에서는 겨울나기가 가능하다. 줄기를 꺾꽂이하여 번식한다.

필라 노디플로라

높이 최대 10㎝, 너비 50㎝ 정도까지 자라는 덩굴성 여러해살이 풀꽃으로 봄부터 가을까지 귀여운 핑크빛 꽃이 무리지어 핀다. 흰색에서 연한 보라색 꽃은 직경 2.5㎝ 정도로 잎겨드랑이에서 꽃대가 나와 원통 모양의 이삭꽃차례로 밖에서부터 안으로 꽃이 계속 핀다. 길이 1~4㎝ 잎은 가장자리에 드문드문 톱니가 있고 조금 육질화 되어 있다. 작은 화분에 심거나 남부지방에서는 햇빛이 좋은 화단에 심어서 기를 수 있다.

학명: *Phyla nodiflora* (= *Lippia repens*)
영명: Capeweed, Frogfruit, Matgrass, Turkey-tangle
과명: 마편초과 (Verbenaceae)
원산지: 전세계 열대 및 아열대 지방

✻ 기르기 포인트

햇빛이 좋은 곳에 심으면 더위와 추위에 강하여 별다른 관리 없이도 자라서 퍼진다. 건조에 비교적 강한 편이므로 물빠짐이 좋은 곳에 심는다. 겨울철에는 시들었다가 봄에 다시 잎이 나오지만 따뜻한 지역에서는 늘 푸르게 자라기도 한다. 포기나누기나 줄기꽂이로 번식한다.

필레아 글라우카

학명: *Pilea* 'Glauca Greyzy'
영명: Gray artillery plant
과명: 후추과 (Piperaceae)
원산지: 열대지방
유통명: 타아라, 타라

네덜란드에서 도입된 늘푸른 여러해살이 풀꽃이다. 포기에서 붉은 빛의 얇은 줄기가 나와 둥글게 퍼지면서 회색빛의 작은 잎이 전체를 덮어 아름답다. *Pilea*속은 일반적으로 *P. cadierei*나 *P. mollis* 'Moon Valley' 등이 많이 이용되고 있고, 몇몇 종은 테라리움 등에서도 관엽식물로 많이 이용하고 있다.

기르기 포인트

실내의 밝은 곳에서 잘 자라고 여름철에는 직사광선에 닿지 않게 한다. 생김새가 다육식물과 조금은 비슷해 보이지만 건조나 강한 직사광선에는 약하므로 주의한다. 최저온도는 5℃ 정도이다. 건조에 약한 편이고, 겨울철에 너무 습하면 뿌리가 썩기 쉽다. 분갈이나 옮겨심기는 봄철에 한다. 포기나누기나 꺾꽂이로 번식하는데, 줄기를 잘라 그냥 물에 담가 두기만 해도 뿌리가 잘 난다.

하코네클로아 마크라 아우레올라

학명:	*Hakonechloa macra* 'Aureola'('Alboaurea')
영명:	Golden hakone grass, Japanese forest grass
과명:	벼과 (Poaceae)
원산지:	일본
유통명:	(노랑무늬)풍지초

뿌리줄기를 통해 생육이 왕성한 숙근성 여러해살이 풀숲으로 높이 30~50㎝까지 자란다. 사주색 줄기에 녹색 선이 들어간 노란 잎이 풍성하게 달려 있는데 가을이 되면 빨간 갈색으로 변한다. 초가을부터 억새와 같이 바람에 한들거리는 빨간 꽃이 핀다.

기르기 포인트

오전 중 햇빛이 들어오는 반양지나 나무 밑에 심는 것이 좋다. 내한성이나 내서성 모두 강한 편이다. 건조는 싫어하지만 물빠짐이 잘 되는 토양을 좋아한다. 토양 표면이 마르면 물을 충분히 준다. 땅에 심었을 때는 건조하거나 너무 무성해질 수 있다. 화분에 재배할 경우 여름철에 새로운 잎을 따주면 높이를 낮출 수 있다. 가을이 되면 줄기와 잎을 바짝 잘라준다. 포기나누기로 번식한다.

해변국

학명: *Chrysanthemum pacificum (= Dendranthema pacificum, Ajania pacifica)*
영명: Gold and silver chrysanthemum
과명: 국화과 (Asteraceae)
원산지: 일본 해안가

잎은 두껍고 부드러운 톱니가 있으며, 앞면은 짙은 녹색이지만 뒷면은 흰 털이 있는 은빛 흰색이다. 잎 가장자리에 그 흰색 털이 보여서 이 식물 고유의 독특한 느낌을 준다. 가을철 줄기 끝에 산방상으로 작은 꽃이 피는데, 설상화는 없고 노란색의 통상화만으로 핀다. 초가을경 보통 30~40㎝ 정도의 크기로 화분에 심어 판매되고 있다.

기르기 포인트

햇빛이 좋고 통풍이 잘 되는 곳에서 물빠짐이 좋은 배양토에 심어 기른다. 화분에서 기를 때는 필요에 따라 순지르기를 하여 아담하게 키우는 것이 좋다. 관리하기에 편리하고 내한성이 비교적 강한 편이어서 남부지방이나 제주도에서는 실외에서 겨울나기를 할 수 있는 여러해살이 풀꽃으로 기를 수 있다. 여러 출처를 보면 중부지방에서도 겨울나기가 가능한 것으로 알려져 있다. 모양이 단정하고 잎이 아름다워 분화식물로 이용되고 자른꽃으로도 이용 가능하다. 초여름에 꺾꽂이하거나 포복경이나 동지아(겨울눈처럼 뿌리에서 올라온 새순)를 잘라서 번식한다.

해오라비사초

높이 60㎝까지 자라는 여러해살이 풀꽃으로 여름철 줄기 끝에 피는 꽃 주변의 길게 늘어진 흰색 덮개잎이 아름답다.

학명: *Rhynchospora colorata* (= *Dichromena colorata*)
영명: White star sedge, White-topped sedge, Starrush whitetop
과명: 사초과 (Cyperaceae)
원산지: 북아메리카
유통명: 꽃방동사니, 백로사초

✻ 기르기 포인트

햇빛이 충분한 곳에 두면 비교적 강건하여 기르기 쉽다. 물을 좋아하는 습생식물이므로 물을 충분히 주거나 포기의 일부가 물에 잠기도록 관리한다. 얼지 않는 정도의 추위에서 뿌리줄기의 형태로 겨울나기를 한다. 봄철에 포기나누기로 번식한다.

해피트리

중대형 관엽식물로 기르기에 알맞은 늘푸른 나무이다. 잎은 광택이 있는 가죽질로 2~3회 깃꼴겹잎이다. 줄기 끝에서 향기있는 노란색 꽃이 피지만 실내에서 기를 때에는 거의 피지 않는다.

학명: *Heteropanax fragrans*
영명: Kesseru, Fragrant heteropanax
과명: 두릅나무과 (Araliaceae)
원산지: 중국 남부, 동남아시아
유통명: 행복수, 부귀수

✻ 기르기 포인트

직사광선을 피하여 화분 속의 흙이 마르면 물을 충분히 준다. 겨울철에도 10℃ 이상 유지한다. 건조하면 진딧물과 깍지벌레가 발생할 수 있으므로 주의한다. 주로 씨앗으로 번식하지만, 우리나라에서는 행운목처럼 잎이 없는 나무줄기를 수입하여 새순을 내서 기르는 경우가 많다.

헤미그라피스

▲ 품종 'Exotica'

학명: *Hemigraphis alternata* (= *H. colorata*)
영명: Waffle plant, Red-flame-ivy, Red-ivy
과명: 쥐꼬리망초과 (Acanthaceae)
원산지: 인도네시아, 말레이시아
유통명: 물보라

높이 20㎝까지 자라다가 옆으로 퍼지는 열대지방 원산의 늘푸른 여러해살이 풀꽃이다. 잎은 요철이 있고 표면은 청동색, 뒷면은 자주색이다. 흰꽃이 피지만 관상가치는 크지 않다. 물을 좋아하므로 밝은 실내에서 테라리움이나 아쿠아리움, 공중걸이분에서 기르기에 알맞다.

기르기 포인트

실내의 밝은 곳에서 기른다. 햇빛이 적으면 표면이 녹색으로 변한다. 겨울철에도 10℃ 이상을 유지해 주어야 한다. 물을 매우 좋아하므로 꾸준히 공급해 준다. 포기가 너무 자라면 반 정도 잘라서 새로운 눈이 나오도록 한다. 줄기를 꺾꽂이하여 번식한다.

헤미오니티스 아리폴리아

긴 하트 모양의 잎을 가진 고사리 종류로 단정한 잎이 아름다워 소형 관엽식물로 기르기에 알맞다. 길이 4~9㎝ 정도되는 잎은 가죽질의 진한 녹색으로 사실 포자가 붙은 엽상체이다. 포자가 있는 포자엽은 긴 타원 모양에서 삼각 모양으로 털이 있다.

학명: *Hemionitis arifolia*
영명: Heart fern, Tongue fern
과명: 고사리과 (Pteridaceae)
원산지: 열대 동남아시아
유통명: 하트펀

✲ 기르기 포인트

햇빛이 적은 실내에서 잘 자라고 물을 좋아하므로 물을 충분히 주고 습도를 높게 유지해 준다. 겨울철에는 0℃ 이상에서 겨울나기가 가능하지만 10℃ 이상은 유지되어야 아름다운 잎을 계속 감상할 수 있다. 포기나누기로 번식한다.

헤베 그린플래쉬

높이 및 너비가 약 50㎝까지 자라는 늘푸른 작은 나무이다. 신한 녹색의 작은 잎과 수북히 피는 작은 흰색 꽃이 균형을 이루어 아름답다. 진한 녹색의 잎은 줄기에 마주난다. 봄철에 처음에는 연한 보랏빛 흰색으로 꽃이 피었다가 점차 흰색으로 변한다.

학명: *Hebe diosmifolia* 'Green Flash'
영명: Hebe
과명: 현삼과 (Scrophulariaceae)
원산지: 뉴질랜드

기르기 포인트

햇빛이 잘 들고 물빠짐이 좋은 토양에서 기른다. 여름철 고온 다습에 약하므로 통풍이 잘 되는 서늘한 곳에서 기른다. 겨울철에는 실내에서 기르는데 추위에 비교적 강한 편이다. 아담하게 자라기 때문에 특별히 가지치기를 할 필요는 없다. 봄철에 꺾꽂이하여 번식한다.

헤베 블루젬

최대 1.2m까지 자라는 늘푸른 작은 나무이다. 향기가 있는 연보라색 꽃은 줄기 끝에 몇 개의 이삭꽃차례 형태로 여름에서 초가을까지 핀다. 긴 타원 모양의 단정한 잎은 광택이 있는 진한 녹색으로 가운데 맥을 중심으로 조금 안으로 말려있다.

학명: *Hebe* × *franciscana* 'Blue Gem'
영명: Hebe blue gem, Francisco hebe
과명: 현삼과 (Scrophulariaceae)
원산지: 뉴질랜드 자생종 간의 교잡종(*H. elliptica* × *H. speciosa*)
유통명: 헤베

✲ 기르기 포인트

햇빛이 충분하거나 적당한 곳에서 잘 자란다. 물은 토양이 말랐을 때 충분히 주고 물빠짐이 좋은 토양에서 기른다. 염분에 강하여 해안가에서 기르기에 알맞다. 늦여름 줄기를 꺾꽂이하여 번식한다.

헤테로센트론

학명: *Heterocentron elegans*
영명: Spanish shawl
과명: 산석류과 (Melastomataceae)
원산지: 멕시코 남부~과테말라, 온두라스의 고지대

원래는 늘푸른 작은 나무이지만, 시중에서는 덩굴성 초본류의 형태로 공중걸이 분에 심어서 5월부터 여름철에 걸쳐서 유통된다. 잎은 조금 다즙질이고 마수나며 가장자리는 밋밋하다. 잎과 꽃봉오리에 얇은 털이 밀생한다. 꽃은 직경 2.5㎝ 정도이고 꽃잎은 4장이다.

기르기 포인트

햇빛을 좋아하는 편이지만 여름철에는 반그늘 정도에 두고 기른다. 더위에 강한 편으로 온도만 맞으면 연중 꽃이 핀다. 겨울철 추위에는 약하므로 서리가 내리기 전후에 실내에 두고 기른다. 물은 토양 표면이 마르면 충분히 준다. 겨울철에 너무 습하면 뿌리가 썩을 수 있으므로 조금은 건조하게 관리한다. 비료는 화분에 심을 때 밑거름으로 충분히 준다. 병충해는 특별히 알려진 바가 없다. 번식은 꺾꽂이나 포기나누기로 한다. 5~6월경에 3~4마디를 포함한 줄기를 잘라 꺾꽂이하면 2~3주 후에 뿌리가 난다.

헬레니움 아마룸

▲ 품종 'Dakota Gold'

학명:	*Helenium amarum*
영명:	Bitter sneezeweed, Bitterweed
과명:	국화과 (Asteraceae)
원산지:	북아메리카

실같이 얇은 잎이 줄기에 촘촘히 달리고 최대 70㎝까지 자란다. 여름부터 초가을에 걸쳐 줄기 끝에 5㎝ 가량의 선명한 노란색 꽃이 피는 한해살이 풀꽃이다. 노란색 가장자리 입술 모양 꽃은 끝이 뭉툭하고 세갈래로 갈라져 있어서 귀여운 느낌을 준다. 가운데 통 모양 꽃은 노란색으로 공 모양이다. 여름철 화단이나 화분을 장식하기에 알맞다.

✻ 기르기 포인트

햇빛이 충분하고 물빠짐이 좋은 비교적 건조한 토양에서 잘 자란다. 여름철 더위에 강한 편이다. 낮 길이에 반응하여 생장하므로 춘분 이후에 씨앗을 심어서 기른다.

헬리크리슘 페티올라레

학명: *Helichrysum petiolare*
영명: Licorice plant
과명: 국화과 (Asteraceae)
원산지: 아프리카 남부

높이 최대 50㎝까지 늘어지면서 자라는 여러해살이 풀꽃으로 줄기가 90㎝까지 뻗는다. 잎은 달걀 모양으로 은녹색을 띠거나 밝은 노란빛을 띠는 품종들이 있다. 그늘진 곳에서도 밝은 색을 내며, 모아심기의 가장자리를 장식하는 소재로 이용하기에 알맞다. 꽃은 여름철에 피지만 관상 가치는 없다.

▲ 품종 'Limelight(= Aurea)'

기르기 포인트

반음지에서 잘 자라지만, 너무 음지에서는 노란빛이 없어지므로 어느 정도 햇빛이 필요하다. 건조에 강한 편이므로 조금 건조하게 관리한다. 제주도에서는 겨울을 밖에서 지낼 수 있다. 포기나누기나 줄기꽂이로 번식한다.

호우스토니아 케룰레아

늘푸른 여러해살이 풀꽃으로 4갈래로 갈라진 귀여운 꽃이 줄기 끝에 피는데, 전체 포기에 많이 핀다. 꽃색은 흰색 또는 파란색이고 중심부는 노란색이다. 높이 1㎝ 정도로 자라는 식물로 지하에 기는 줄기로 넓게 퍼진다. 성질은 강하다.

학명: *Houstonia caerulea*
영명: Bluets
과명: 꼭두서니과 (Rubiaceae)
원산지: 북아메리카
유통명: 애기별꽃

기르기 포인트

습한 양지를 좋아하지만 약간의 음지에서도 자란다. 여름철 고온을 싫어한다. 포기나누기로 봄이나 가을에 번식한다. 종자를 뿌려서 번식할 수도 있다.

황금잎 세덤

높이 5㎝ 정도 자라고 최대 30㎝까지 퍼지는 여러해살이 소형 다육식물이다. 작은 화분에 심거나 암석정원, 옥상정원 등에서 기르기에 알맞다. 부드러운 질감에 선명한 노란색의 잎이 아름다워 모아심기를 통해 다채로운 느낌을 줄 수 있다. 유통명은 *S. makinoi* 'Ogon'에서도 사용되어 혼동하기 쉽다.

학명: *Sedum* × 'Fine Gold Leaf'
역명: Fine gold leaf, Stonecrop
과명: 돌나물 (Crassulaceae)
원산지: 원예종
유통명: 황금세덤

기르기 포인트

반양지 또는 양지의 물빠짐이 좋은 토양에서 잘 자란다. 남부 해안지방이나 제주도에서는 겨울나기를 할 수 있다. 더위에 잘 견디지만 다습에는 약하다. 줄기를 음지에서 하루 정도 말렸다가 꺾꽂이하여 번식한다.

휴케라

학명: *Heuchera sanguinea*
영명: Coralbells
과명: 범의귀과 (Saxifragaceae)
원산지: 북아메리카

종 모양의 작은 붉은 꽃을 피우는 늘푸른 여러해살이 풀꽃으로 화단에 심거나 자른꽃으로 이용한다. 꽃잎처럼 보이는 것은 꽃받침으로 꽃잎은 거의 보이지 않는다. 잎은 심장 모양 또는 원 모양으로 얕게 파여 있고, 줄기 없이 뿌리에서 곧장 나온다. 다른 종과의 교잡으로 많은 원예 품종이 있다. 화분에 심어 기르기도 하지만 다양한 잎색을 가진 품종으로 화사한 화단을 만드는 데 제격이다.

▲ 다채로운 잎모양과 색을 가진 품종들

✻ 기르기 포인트

햇빛이 잘 드는 곳을 좋아하지만 고온 다습에 약하므로 여름철에는 시원한 반그늘에 둔다. 추위에 매우 강하고 꽃이 피기 위해서는 저온이 필요하므로 겨울철에는 밖에 둔다. 봄에 씨앗을 뿌리거나 봄, 가을에 포기를 나누어 번식한다.

히드로코틸레 불가리스

늘푸른 여러해살이 풀꽃으로 우리나라에 자생하는 피막이(*H. sibthorpioides*)의 유사종이다. 최대 20㎝까지 자란다. 잎은 3㎝ 정도의 원형으로 가장자리에 둥근 톱니가 있다. 습지나 늪지대에 자생하는 포복성 또는 부유성 식물로 수생정원이나 작은 화분에서 기르기에 알맞다.

학명: *Hydrocotyle vulgaris*
영명: Marsh pennywort, Navelwort
과명: 두릅나무과 (Araliaceae)
원산지: 유럽과 서아시아
유통명: 워터코인

기르기 포인트

햇빛은 반그늘이 적당한데, 빛이 너무 적으면 잎자루가 길어지는 경향이 있다. 습생식물이므로 물을 충분히 주고 잎에 분무하면서 기르는 것이 좋다. 수경재배도 가능하다. 줄기를 꺾꽂이하여 번식한다.

히드로코틸레 시브토르피오이데스 크리스탈 콘페티

학명: *Hydrocotyle sibthorpioides* 'Crystal Confetti'
영명: Variegated pennywort
과명: 두릅나무과 (Araliaceae)
원산지: 아시아 및 아프리카
유통명: 피막이풀

생장이 왕성한 여러해살이 풀꽃으로 가장자리에 연노란색 무늬가 들어 있어 아름답다. 수생식물로 이용하거나 연못 가장자리 등 습한 곳에서 기르기에 좋다. 우리나라에 자생하는 피막이의 변이종이다.

✻ 기르기 포인트

반양지에서 잘 자란다. 내한성이 강하여 중부지방에서도 겨울나기가 가능하다. 물을 매우 좋아하므로 충분히 준다. 포기나누기로 번식한다.

히베르티아 오브투시폴리아

▲ 품종 'Sunny Days'

학명: *Hibertia obtusifolia*
영명: Button flower, Guinea gold vine
과명: 제룬도과 (Dilleniaceae)
원산지: 오스트레일리아, 남태평양제도

반덩굴성으로 높이 20㎝ 정도 되는 늘푸른 여러해살이 풀꽃 또는 작은 나무이다. 1㎝ 정도의 작은 잎이 붙은 줄기가 옆으로 자라면서 넓어진다. 1~3㎝ 정도의 노란색 꽃이 계속 피는데 최근 품종은 좀 더 크다. 온도만 맞으면 꽃은 연중 핀다. 보통 봄철에 분화로 유통되며 분화나 모아심기에 알맞다.

기르기 포인트

햇빛이 잘 들고 물빠짐이 좋은 토양을 좋아한다. 고온 다습한 것을 싫어하므로 여름철에는 통풍이 잘 되는 서늘한 곳에서 관리한다. 여름철에는 비를 직접 맞지 않는 것이 좋고, 겨울철에는 실내에서 기른다. 4~5월에 꺾꽂이로 번식한다.

식물 이름 찾아보기

일반명 및 유통명(잘못된 이름 포함)

ㅇ

식물 학명 찾아보기

A

B

C

D

E

F

김미선　전북대학교 원예학과 농학사
전북대학교 원예학전공 농학박사
하와이대학교 원예학과 공동연구원
농촌진흥청 국립원예특작과학원 화훼과 농업연구사

김종윤　고려대학교 원예과학과 농학사
미국 조지아대학교 원예학전공 농학박사
미국 매릴랜드대학교 연구원
배재대학교 원예조경학부 조교수

서정남　고려대학교 원예과학과 농학사
고려대학교 화훼원예학전공 농학박사
일본 학술진흥회 외국인특별연구원(시즈오까대학)
농림축산식품부 국립종자원 서부지원 농업연구사

꽃이 숨쉬는 책 시리즈 ⑥

신 화 훼 – 새롭게 등장한 꽃식물 –

2014년 1월 6일 초판 발행

지은이 : 김미선 · 김종윤 · 서정남
만든이 : 정진해
펴낸곳 : 부민문화사

140-827 서울시 용산구 청파로73길 89(서계동 33-33)
전화: 714-0521~3 FAX: 715-0521
등록 1955년 1월 12일 제 201-00022호
http://www.bumin33.co.kr
E-mail: bumin1@bumin33.co.kr

정가 14,000원

공급 한국출판협동조합

ISBN 978 - 89 - 385 - 0201 - 8 93520